Petar Marinov

Potencial de recursos naturais na região Centro-Sul

Petar Marinov

Potencial de recursos naturais na região Centro-Sul

ScienciaScripts

Imprint

Any brand names and product names mentioned in this book are subject to trademark, brand or patent protection and are trademarks or registered trademarks of their respective holders. The use of brand names, product names, common names, trade names, product descriptions etc. even without a particular marking in this work is in no way to be construed to mean that such names may be regarded as unrestricted in respect of trademark and brand protection legislation and could thus be used by anyone.

Cover image: www.ingimage.com

This book is a translation from the original published under ISBN 978-620-2-19933-9.

Publisher:
Sciencia Scripts
is a trademark of
Dodo Books Indian Ocean Ltd. and OmniScriptum S.R.L publishing group

120 High Road, East Finchley, London, N2 9ED, United Kingdom
Str. Armeneasca 28/1, office 1, Chisinau MD-2012, Republic of Moldova, Europe
Printed at: see last page
ISBN: 978-620-7-95963-1

ÍNDICE

Revisão

de

Teodor Radev, Faculdade de Economia, Universidade Agrícola de Plovdiv

Tópico: **Potencial dos recursos naturais nas zonas rurais da região centro-sul, com o autor Dr. Petar Marinov**

Cara EDIÇÃO,

Recebi um trabalho de investigação monográfico intitulado "Potencial de recursos naturais nas zonas rurais da região Centro-Sul", da autoria do Dr. Marinov, que revela a natureza empírica do potencial de recursos naturais nas estruturas administrativo-territoriais mais pequenas da classificação NUTS na República da Bulgária. O autor explora os recursos naturais e a sua aplicabilidade prática no potencial socioeconómico das zonas rurais da região Centro-Sul. Tenta sistematizar a foetologia empírica a nível micro e macro. Como representante da "jovem geração europeia", Marinov utiliza os requisitos da nomenclatura europeia para caraterizar e analisar um determinado território, em particular as "zonas rurais" apresentadas na sua monografia.

O trabalho científico é apresentado num estilo clássico de investigação: resumo, introdução, três capítulos, conclusões, bibliografia e abreviaturas.

No primeiro capítulo, intitulado "Abordagens territoriais e meteorológicas do desenvolvimento regional e das zonas rurais", o autor considera os "sistemas" como base para a formação de unidades regionais a nível local e europeu. A abordagem metodológica é respeitada e são mencionados os diferentes elementos utilizados nas zonas rurais analisadas. As abordagens empírica e sistémica são combinadas e aplicadas para caraterizar a abordagem regional. O estudo das zonas rurais é efectuado a nível nacional e o autor seguiu a sua definição por colectividades e instituições que trabalham no domínio do desenvolvimento socioeconómico deste tipo de regiões (municípios).

Marinov analisa a localização das zonas rurais e a sua situação geoestratégica, com vista a desenvolver o modelo socioeconómico para o presente e o futuro. Considera o "desenvolvimento sustentável" como um elemento do desenvolvimento próspero das zonas rurais. Examina o potencial de recursos naturais da região centro-sul no seu conjunto e define uma "comunidade rural sustentável". São analisados os factores que influenciam diretamente a formação das paisagens naturais e a paisagem do território.

O terceiro e último capítulo do trabalho científico - Componentes do potencial de recursos naturais nas zonas rurais da região centro-sul - descreve este potencial como um fator importante para o desenvolvimento social, económico e ambiental das zonas acima referidas. O autor analisa o clima, a importância económica da topografia, o potencial hídrico, pedológico e florestal das zonas rurais. Para cada elemento mencionado, o Dr. Marinov faz uma análise aprofundada, tentando ensinar a aplicação prática da sua atividade de investigação no trabalho científico que analisei.

CONCLUSÃO - A monografia é um trabalho académico acabado, que pode ser utilizado nos domínios do desenvolvimento regional e da estrutura administrativa e territorial a nível local e nacional. Tem uma orientação geoestratégica e físico-geográfica. A monografia tem as qualidades e os méritos necessários para ser publicada pela vossa editora.

Com os cumprimentos e o respeito da EDITORA E DO AUTOR
Prof. Associado Dr. Teodor Radev

Introdução

No mundo moderno, o desenvolvimento regional está a tornar-se uma prioridade cada vez mais nacionalizada. Por seu lado, o carácter funcional do seu desenvolvimento implica uma abordagem territorial da gestão das comunidades em causa. A este respeito, a concentração nas zonas rurais desafia-nos a resolver uma série de tarefas complexas ligadas ao desenvolvimento socioeconómico e ambiental destes territórios. A política de desenvolvimento rural na União Europeia (UE) é ditada pelo facto de cerca de 60% da população dos 28 Estados-Membros viver em zonas rurais que cobrem 90% do território. As zonas rurais da Comunidade são diversas em termos de factores fisiográficos, geoestratégicos, socioeconómicos (geodemográficos), ambientais e institucionais. Esta diversidade é um dos maiores recursos da UE, mas coloca problemas a muitos Estados-Membros no que respeita à definição das zonas rurais. Este tipo de definição é de grande importância para a elaboração de uma política de desenvolvimento da UE para este tipo de zonas. Garantir a sua complementaridade com outros fundos comunitários que contribuem para o desenvolvimento das regiões no seu conjunto é crucial para o desenvolvimento social, económico, infraestrutural e ambiental moderno dos países. Nas últimas décadas, foram implementados vários programas económicos, sociais e ambientais na tentativa de melhorar o estatuto social da população destas zonas. Por uma série de razões, muitos dos resultados esperados estão a abrandar e a não se concretizar. A aplicação de abordagens modernas para a integração das zonas rurais é uma garantia potencial para ultrapassar as diferenças existentes neste tipo de municípios. Para ajudar estas regiões a alcançar o crescimento social e económico e a aumentar o emprego e o nível de vida, a política de desenvolvimento rural da UE define três eixos principais que visam: melhorar a competitividade da agricultura; alcançar uma gestão sustentável dos recursos naturais e das acções climáticas; e um desenvolvimento territorial equilibrado das zonas rurais.

Na sequência da adesão da Bulgária à UE, os problemas relacionados com o desenvolvimento das zonas rurais passaram também a estar em destaque. O "Programa de Desenvolvimento Rural" (PDR) desempenha um papel fundamental neste domínio. Outros programas e actividades económicos, sociais e ambientais são igualmente executados nas zonas rurais para melhorar o estatuto social da população. No entanto, tem-se verificado um abrandamento no desenvolvimento socioeconómico destas zonas. Neste sentido, é necessária uma definição mais clara das questões rurais, uma vez que a modelação do seu desenvolvimento e a oferta de uma série de impactos podem contribuir para uma integração mais rápida, o que constitui uma garantia potencial para superar as disparidades socioeconómicas. A Bulgária está a seguir a política de desenvolvimento rural da UE destinada a diversificar as suas actividades económicas. Estão a ser criadas explorações agrícolas multifuncionais e estão a ser construídas infra-estruturas de produção, sociais e ambientais. É necessária uma política nacional coerente para corrigir as disparidades entre as zonas rurais e urbanas.

De acordo com a definição nacional, as comunas (LAU 1) são zonas rurais ... "que não têm um centro populacional com mais de 30 000 habitantes. De acordo com esta definição, 232 dos 265 municípios da Bulgária são classificados como rurais. Isto significa que os problemas associados ao desenvolvimento deste tipo de zonas abrangem mais de 82% do território da República da Bulgária, com uma população de 45% do número total. [1]Além disso, a estrutura etária da população rural é menos favorável do que a da população urbana, devido à proporção comparativamente baixa de pessoas em idade ativa e a uma série de outros factores que influenciam os processos geodemográficos. A retenção da população jovem também coloca problemas. As condições de trabalho estão principalmente ligadas à agricultura e à silvicultura. [2]Neste contexto, do ponto de vista espacial, a atenção centrar-se-á nas zonas rurais da região Centro-Sud, que cobre 81% do seu território e tem uma população de 40% . As vantagens da região são a presença de duas fronteiras nacionais, sendo o posto de controlo fronteiriço "Kapitan Andreevo" um dos mais movimentados em termos de passageiros e mercadorias. Plovdiv é a segunda maior cidade da Bulgária. As outras grandes cidades são: Pazardzhik, Asenovgrad, Haskovo, Kardzhali, Smolyan. Velingrad, Peshtera, Karlovo, Hissar, Sopot, Ivaylovgrad, etc. formam zonas urbanas centrífugas. As zonas rurais da região centro-sul caracterizam-se por contextos naturais, sociais, económicos, ecológicos e etnoculturais específicos que, com um certo impacto sobre elas, podem ser construídos ou participar na construção de um sistema económico territorial sustentável. Assim, a visão da importância destas comunidades territoriais está a emergir como novas áreas periféricas de desenvolvimento regional. A partir da modelização do desenvolvimento regional e do reforço do espaço rural, é possível destacar estas especificidades, fruto das nossas investigações, análises e soluções de problemas de natureza social, económica, geodemográfica e ecológica. Com uma política de boa governação, os diferentes processos negativos do mundo rural podem ser superados, tanto a nível nacional como local. As análises, conclusões e soluções propostas para as zonas rurais são adaptadas aos níveis micro, médio e macro, com as caraterísticas específicas de cada uma dessas zonas. O complexo natural da Bulgária é uma combinação dos

---

[1] Nas zonas rurais, a percentagem da população em idade ativa era de cerca de 35% do total da população em idade ativa do país em 2015, de acordo com as estatísticas demográficas e sociais do INS.

[2] A taxa de urbanização da região era de 66,7%, abaixo da média nacional de 72% em 31.12.2011, de acordo com as estatísticas demográficas e sociais do INS.

principais elementos: ambiente natural, recursos naturais e condições naturais. Os principais elementos são a localização geográfica, o relevo, os recursos minerais naturais, o clima, a água, o solo, a vegetação e a vida animal. Todos estes elementos contribuem, de uma forma ou de outra, para a formação e o desenvolvimento dos complexos económicos e das unidades territoriais do país. Existe uma estreita ligação entre todos os componentes, o desenvolvimento das formas de formação do solo e a construção da crosta terrestre. As condições naturais têm um impacto direto no desenvolvimento económico das zonas rurais. As condições naturais precedem a formação dos recursos naturais e a atividade humana. Cada município rural da região é caracterizado por condições naturais reais que definem, por um lado, os diferentes tipos de recursos naturais e, por outro, visam diversificar as actividades da sociedade.

o autor

Capítulo 1 **Abordagens territoriais e meteorológicas do desenvolvimento regional e das zonas rurais**

1.1. Natureza e caraterísticas dos sistemas regionais e das zonas rurais na União Europeia
1.2. A União Europeia e a Bulgária

Em todas as etapas da emergência e do desenvolvimento da sociedade humana, a geografia foi uma das ciências mais importantes. Desenvolveu uma abordagem cognitiva específica, como a sistematização espacial, na procura de relações causais que explicam as relações espaciais entre o social e o biomimético. A organização espacial óptima da vida da sociedade, baseada no estudo dos recursos, das capacidades humanas e tecnológicas de um determinado país ou região (área), é a tarefa eterna da geografia e dos domínios de aplicação conexos. Por conseguinte, a geografia é uma ciência dos sistemas espaciais dinâmicos formados na superfície da Terra em resultado da interação entre a sociedade e a natureza, bem como das leis e regras que regem o seu desenvolvimento e gestão. Uma das principais caraterísticas da geografia enquanto ciência é a capacidade de estudar objectos e fenómenos simultaneamente, numa hierarquia vertical e horizontal. No plano vertical, são utilizados os níveis global, nacional e local e, no plano horizontal, a distinção entre sistemas territoriais é efectuada através da investigação dos limites geográficos dos limiares que definem as caraterísticas de uma ou outra zona da superfície terrestre. A combinação das hierarquias verticais e horizontais dos sistemas geográficos permite uma participação criativa na gestão e no planeamento de diferentes níveis e configurações territoriais.

O termo "sistema" surgiu na literatura geográfica na década de 1960. Com a difusão da investigação e da modelização de sistemas, a teoria geral dos sistemas tornou-se muito popular. Alguns investigadores consideram que a aplicação das ideias da teoria dos sistemas permite teorizar a geografia e torna-se a base metodológica do conhecimento geográfico.

De acordo com D. Harvey (1974), a geografia está a aperceber-se do "novo" paradigma dos sistemas, especialmente desde que o geógrafo russo V. Socha centrou a sua investigação na teoria geral dos sistemas. No aparelho concetual da análise de sistemas, a própria noção de "sistema" ocupa um lugar central. Existem várias definições qualitativas, verbais e formais.

Um dos fundadores da teoria geral dos sistemas, L. Bertalanfi (1969), dá a seguinte definição sucinta: "O sistema é um complexo de elementos em interação.

Uma definição semelhante é dada por A. Hall e R. Feyjin: "O sistema é uma multiplicidade de objectos e as relações entre os objectos e os seus atributos". Outros cientistas, como K. Boulding, A. Rapport e R. Gerard, efectuaram estudos sobre a teoria dos sistemas.

No seu vocabulário terminológico, E. Alaev (1983) dá uma definição mais avançada: "O sistema é uma combinação de objectos com inter-relações sucessivas, o que lhe confere novas qualidades: integridade, autonomia, durabilidade. [12]Os objectos ou o conjunto de objectos que desempenham uma função no sistema são designados por elementos do sistema". Na enciclopédia filosófica, o sistema é definido como uma multiplicidade de elementos com relações e relações entre eles que formam uma entidade definida.

A análise do grande número de definições propostas por diferentes investigadores revela vários significados invariantes do termo "sistema": 1) O sistema é um conjunto completo de elementos inter-relacionados. 2) O sistema forma uma unidade particular com o ambiente. 3) Cada sistema é constituído por um subsistema de sistemas que, por sua vez, aparecem como sistemas, mas de ordem inferior.

O conhecimento da especificidade qualitativa e da essência dos objectos como um sistema implica a revelação da sua estrutura, entendida como uma sequência de elementos do sistema de um determinado ponto de vista e com um carácter interdisciplinar. No decurso do seu desenvolvimento, a teoria geral dos sistemas sofreu uma evolução significativa, durante a qual o seu objeto de estudo se tornou progressivamente mais concreto. Atualmente, é mais adequado considerar esta teoria como uma análise estrutural dos sistemas que revela as dependências estruturais de diferentes sistemas. O principal objeto de estudo da geografia socioeconómica é a organização espacial da sociedade.

A geografia económica e social é, portanto, uma ciência que estuda as leis e as particularidades da organização espacial da sociedade em diferentes países e regiões.

De acordo com A. Chistobayev (1987): "...a organização espacial da sociedade representa uma formação socioeconómica qualitativamente nova, que deve ser considerada simultaneamente como um processo e como um fenómeno...". Assim, a organização espacial da sociedade representa uma combinação de processos e fenómenos que se manifestam em formas espaciais, temporais e de componentes. Caracteriza-se por uma vasta gama de objectos, fenómenos e processos de investigação. [13]Inclui a organização territorial e equatorial da produção, da população, das infra-estruturas, da utilização da natureza e das diferentes combinações espaciais: complexos inter-industriais e produtivos-territoriais, zonas económicas, aglomerações urbanas, sistemas socioeconómicos territoriais.

A variedade das formas de organização espacial da sociedade e das suas componentes

---

[12] Алаев, Б. Социально-экономическая география, М,Мысль, с. 350, 1983.
[13] Petrov, K. Geo-urbanismo e desenvolvimento urbano, Sófia, 2015.

determina a necessidade de diferentes estudos regionais no âmbito de várias ciências: económica, social, geográfica e outras. A especificidade da geografia socioeconómica é determinada pela integridade da sua abordagem dos temas estudados. Contrariamente às ciências particulares, que se ocupam das componentes individuais e da formação funcional e estrutural, ela estuda os complexos produção-território e os sistemas socioeconómicos. Estes últimos constituem a principal forma de organização espacial da sociedade no seu conjunto. Um sistema socioeconómico territorial é uma combinação económica e socialmente eficiente de elementos da sociedade que operam deliberadamente num determinado território como unidades da divisão social (incluindo territorial) do trabalho e da integração do trabalho.

Por outro lado, de acordo com N. Timchuk (1980): "...o sistema socioeconómico territorial compreende todos os diferentes tipos de forças produtivas e relações de produção, desenvolvidas em determinadas proporções e interdependências num determinado território e chamadas a satisfazer as necessidades materiais e espirituais da população". Para estabelecer a natureza e as regularidades da formação e do desenvolvimento dos sistemas socioeconómicos territoriais, é necessário determinar a composição dos elementos e os laços que unem esses elementos num sistema. Os principais elementos dos sistemas socioeconómicos territoriais são os objectos de produção material, a esfera não produtiva e os recursos demográficos. Além disso, a população e os objectos da esfera dos serviços estão ligados aos elementos sociais e os objectos da esfera da extração e da transformação aos elementos económicos dos sistemas. O trabalho pode ser visto como um elemento social e económico do sistema. Do ponto de vista do consumo público, o trabalho tem um carácter social e, do ponto de vista da produção, é uma categoria económica importante. Em todos os sistemas sócio-económicos territoriais, a população é considerada quer em relação à exploração agrícola, quer em relação à população.

A abordagem territorial-estrutural está ligada à diferenciação setorial-concêntrica dos sistemas socioeconómicos territoriais, que põe em evidência as funções centro-periferia. Cada sistema tem um centro específico onde se verifica a maior concentração de elementos socioeconómicos. O centro comum do sistema é geralmente formado pela reunião espacial dos subsistemas. [14]A concentração e a localização das etapas e das unidades dos ciclos intensivos em recursos no centro reforçam a sua polifuncionalidade. Afastando-se do centro do sistema, o campo apresenta uma maior seletividade para as esferas da atividade humana e tem a menor carga funcional. A abordagem hierárquica examina a ocorrência de classificações taxonómicas dos sistemas funcionais. A classificação taxonómica de cada sistema é tida em conta com base na análise e na síntese das relações que compõem o sistema. Quando todas as taxonomias hierárquicas estão presentes, todos os tipos de relações são tidos em conta, porque é apenas a

---

Petrov, K. Geoeconomic analyzes, ed. Avangrad Prima, pp. 33-55, 2009.

sua combinação que forma a integridade orgânica do sistema. Regra geral, separam-se os macrossistemas, os sistemas médios e os microssistemas. Todas estas classificações compreendem várias taxonomias formadas e não formadas administrativamente. É de notar que não foi desenvolvido nenhum método eficaz para determinar objetivamente o número de níveis na hierarquia de qualquer sistema. As propostas existentes para a estruturação de sistemas utilizam heurísticas baseadas na opinião de peritos ou em caraterísticas qualitativas para o funcionamento de um determinado sistema. Por conseguinte, dependendo do objetivo da aprendizagem de uma ou outra estrutura, pode ser libertado um número diferente de subsistemas hierárquicos.

É necessário observar a unidade entre a estrutura funcional e a estrutura hierárquica dos sistemas. Cada subsistema funcional tem a sua própria organização espacial de elementos orientados para as condições e recursos naturais, económicos, ecológicos, sociais, históricos, demográficos e outros. Em todos os níveis hierárquicos, os subsistemas de produção desempenham um papel decisivo no sistema socioeconómico. [15]O desenvolvimento e a aplicação da política regional na Europa, por exemplo, têm mais de sessenta anos e são indicativos de um sistema .

A criação e o desenvolvimento de zonas rurais na União Europeia são ditados pela necessidade de formar estruturas regionais com qualquer forma de autonomia política, económica, social e ambiental. O principal objetivo da construção deste tipo de espaço é o desenvolvimento de funções económicas, sociais, infra-estruturais, ambientais e outras em benefício da população. A concorrência entre estes espaços deve basear-se nas actividades produtivas e sociais. O desenvolvimento regional está ligado a um sistema de acções específicas (estratégias e programas). Difusão dos processos e fenómenos, revelando as relações de causalidade nos sistemas administrativos e territoriais existentes e emergentes.

O perfil territorial da Bulgária mostra que a divisão espacial está ligada à estrutura e gestão administrativa e territorial. No entanto, nos últimos 40 anos, a Bulgária reestruturou quatro vezes a sua estrutura territorial e a sua divisão administrativa. Hoje, longe destas tentativas, há que ter em conta que qualquer reestruturação radical é acompanhada de uma nova filosofia de gestão e, em grande medida, de uma alteração fundamental das infra-estruturas funcionais, na medida em que existam, e da situação económica de uma determinada região ou zona habitada. Isto significa que o zonamento económico de um país está intimamente ligado ao desenvolvimento planeado da sua economia e do seu potencial humano. A estrutura territorial é um instrumento importante para o exercício do poder numa direção vertical para

---

[15] A Comunidade Económica Europeia e, mais tarde, a União Europeia, basearam a sua filosofia deste tipo de política nos princípios básicos da concentração, programação, estacionamento e complementaridade. Na UE, existem grandes diferenças nas esferas socioeconómicas das sociedades das diversas regiões.

implementar os programas governamentais e os conceitos de cada governo. Por outro lado, ao criar as condições prévias para uma gestão eficiente e para a harmonização do zonamento territorial e económico, os objectivos de condução de uma política concreta e eficaz podem ser alcançados. Ao mesmo tempo, a implementação da política regional depende da escolha de uma abordagem específica para a divisão das regiões de planeamento. A caraterística mais importante da zonagem económica é a sua abordagem orientada para a resolução dos problemas associados ao rápido desenvolvimento de um território distinto e à condução de uma gestão eficaz. As peculiaridades territoriais das respectivas regiões de planeamento contrastam, em grande medida, com os principais problemas e realizações económicas que são determinados pela separação das zonas económicas e pela possibilidade de estabelecer um crescimento económico sustentável. [16]A definição de especificidade na seleção da respectiva estratégia de ordenamento resulta das possibilidades de formação e desenvolvimento sob a ação de combinações regionais específicas de condições históricas, sociais e naturais e de aspectos de interação económica e de implementação de políticas socioeconómicas específicas.

O desenvolvimento da política regional na União Europeia (UE) centra-se num conjunto de prioridades espaciais, nomeadamente: as regiões menos desenvolvidas e socialmente desenvolvidas, a reestruturação das áreas urbanas e industriais, o desenvolvimento rural, o desenvolvimento dos recursos humanos e o ciclo de vida da população nas áreas mencionadas. Para este efeito, a Comunidade Económica Europeia (CEE), numa fase posterior do seu desenvolvimento, introduziu a classificação NUTS (Nomenclatura das Unidades Territoriais Estatísticas). Este é o sistema hierárquico para a classificação inequívoca das unidades territoriais nas estatísticas oficiais dos Estados-Membros da União Europeia. Este sistema foi desenvolvido pelo Eurostat e implementado pela primeira vez no Luxemburgo, em 1980, para facilitar as comparações estatísticas internacionais das regiões europeias. A nomenclatura NUTS é o único sistema coerente de divisão dos territórios europeus, baseado no número de habitantes por unidade de superfície. Durante trinta anos, a conclusão e a atualização da classificação NUTS foram objeto de uma série de "acordos de cavalheiros" entre os membros da UE e o Eurostat. A Comissão Reguladora da UE, através da Decisão n.º 1059/2003, conferiu um estatuto jurídico à NUTS.

As primeiras medidas de desenvolvimento rural na CEE visavam a adoção de três diretivas em 1972 relativas a: 1) modernização das explorações agrícolas. 2) Promoção e/ou cessação da atividade agrícola e social. 3) sensibilização económica e formação profissional dos agricultores. Em 1975, foi acrescentada uma diretiva relativa à agricultura de montanha e

---

[16] Petrov, K. Aspectos problemáticos na formação da política regional da Bulgária. Geopolitics, número 3, pp. 15-18, 2012.

às zonas desfavorecidas. Em 1985, estas quatro diretivas foram substituídas pelo Regulamento (CE) n.º 797/1985 do Conselho relativo à melhoria da eficácia das estruturas agrícolas. Foram introduzidas medidas destinadas a incentivar os investimentos nas explorações agrícolas, a instalação de jovens agricultores, a florestação, o ordenamento do território e o apoio à agricultura de montanha e às zonas desfavorecidas. Todas estas medidas foram co-financiadas pelo Fundo Europeu de Orientação e de Garantia Agrícola (FEOGA), pela secção Orientação e pelos Estados-Membros da CEE. Para além da melhoria do estatuto socioeconómico e da diversificação das zonas rurais, foi lançado em 1991 o programa ou abordagem LEADER (Fr. Liaison Entre Actions de Développement Rural). O objetivo deste programa é apoiar programas integrados de desenvolvimento sustentável destinados a preservar o património natural e cultural das zonas rurais e a melhorar as condições de vida da população através da criação de novos empregos e da implementação da diversificação nas zonas rurais da CEE-UE. A criação de grupos de ação local (GAL), tais como organizações não governamentais, visa mobilizar e organizar o potencial local e os recursos disponíveis nas comunidades rurais.

A política regional da CEE-UE e, em especial, o desenvolvimento regional, começou a ser objeto de atenção em 1988, com a discussão dos problemas e das necessidades de desenvolvimento das "zonas rurais". O Tratado de Maastricht presta especial atenção às zonas rurais, às suas necessidades, caraterísticas, tendências, perspectivas, financiamento e aplicação de várias medidas e programas para o seu desenvolvimento futuro.

A reforma da política agrícola comum (PAC) de 1992 pôs em evidência a dimensão ambiental da agricultura, um sector que, devido às suas ligações com os recursos naturais, é o maior utilizador de terra e água. Introduziu algumas alterações muito significativas no regime de apoio da PAC. As medidas conhecidas como "actividades de acompanhamento" complementam a política de mercado e, ao mesmo tempo, compensam a redução dos rendimentos dos agricultores resultante da reforma. Estas medidas dizem respeito à proteção do ambiente, à florestação e aos regimes de reforma antecipada. É de notar que, pela primeira vez, foram financiadas medidas que não estão diretamente ligadas aos mercados. De facto, a reforma de 1992 rompeu com a conceção tradicional da PAC, baseada numa divisão clara entre as políticas de preços e de mercado e a política estrutural. Tendo em conta a persistência do excedente e o peso das despesas públicas em 1991, a Comissão apresentou à CEE dois documentos sobre o futuro da PAC (COM/91/100 e COM/91/258). Apesar das tentativas de fundir a política agrícola e estrutural comunitária com a coesão económica e social, a "Agenda 2000" mantém a especificidade e o quadro geral adotado no final dos anos 90 como "programa de desenvolvimento rural" (por um determinado período) e a sua ligação à PAC. A Agenda 2000 tem por objetivo orientar a agricultura e a produção para novos mercados. Apesar do aumento do apoio direto ao rendimento, a alteração dos regimes de apoio ao mercado está a afetar não só os rendimentos dos agricultores, mas também as economias rurais no seu conjunto. A diversificação das actividades rurais poderia ser utilizada como um rendimento adicional para as explorações agrícolas, através do desenvolvimento e comercialização de produtos de melhor qualidade. O desenvolvimento do turismo rural e a preservação do ambiente e do património cultural podem abrir novas perspectivas para o desenvolvimento rural. É por esta razão que a "Agenda 2000" modifica a abordagem atual e introduz uma nova política global de desenvolvimento rural sustentável que assegura uma maior coerência entre o desenvolvimento destes tipos de zonas (segundo pilar da PAC). Esta nova abordagem foi formalizada pelo Regulamento (CE) n.º 1257/1999. A sua aplicação previa nove acções, a maior parte delas já em curso e alteradas em várias ocasiões, com uma percentagem variável da contribuição financeira da Comunidade, em função do tipo de medida aplicada:

- Localização geográfica: investimento em explorações agrícolas para ajudar a melhorar os rendimentos e as condições de vida dos agricultores.

- Auxílio à instalação de jovens agricultores, auxílio à formação profissional e auxílio à reforma antecipada.

- Benefícios compensatórios para zonas não favorecidas e zonas sujeitas a restrições ambientais.

    - Apoiar os métodos de produção agrícola que protegem o ambiente.

- Melhorar a transformação e a comercialização dos produtos agrícolas, a fim de contribuir para o aumento da sua competitividade e do seu valor acrescentado.

- Promover a adaptação e o desenvolvimento do conjunto das zonas rurais da Comunidade: introdução de uma vasta gama de medidas de emparcelamento, criação de serviços de substituição nas explorações agrícolas.

- Promoção do turismo e do artesanato, recuperação do potencial de produção agrícola.

Em conformidade com as novas disposições gerais relativas aos Fundos estruturais, trata-se do Regulamento (CE) nº 1260/1999. A origem do financiamento total das medidas de desenvolvimento rural varia consoante a zona a que diz respeito:

- As regiões do objetivo nº 1 estão incluídas nas medidas de promoção do desenvolvimento regional elegíveis para financiamento pelo FEOGA-Orientação.

- As zonas do objetivo nº 2 acompanham as medidas de apoio a cargo do FEOGA-Garantia.

- O resto do território deve ser incluído na programação dos planos de desenvolvimento rural.

É igualmente de referir a iniciativa comunitária LEADER +, financiada pelo FEOGA-Orientação, que incentiva a aplicação de estratégias integradas de desenvolvimento local. Esta iniciativa inscreve-se no quadro das decisões anuais do Conselho Europeu sobre o desenvolvimento rural e as medidas de acompanhamento para o período 2000-2006.

1.2. Estruturação do desenvolvimento regional e das zonas rurais

O estudo do desenvolvimento regional centra-se no território onde se formam unidades administrativas mais pequenas de diferentes níveis. Na Bulgária, são estes territórios distintos que constituem o objeto da minha investigação, nomeadamente as "zonas rurais". Na teoria e na prática, fazem parte dos sistemas territoriais e inserem-se no âmbito da ciência e da análise regionais. No plano territorial do país, o desenvolvimento espacial da economia, os aglomerados populacionais, as infra-estruturas sociais e económicas, a densidade e o número da população não estão localizados de forma uniforme. Isto deve-se a três factores principais: naturais, históricos e económicos, que influenciam as fases históricas do desenvolvimento da Bulgária.

A zonagem socioeconómica está a desenvolver-se na direção de objectivos científicos e da aplicação de competências práticas nos territórios para uma política orientada e uma gestão adequada. As questões de zonagem socioeconómica sempre foram objeto de estudo na geografia económica búlgara. As primeiras tentativas de dividir o território búlgaro foram feitas pelo académico Anastas Stoyanov Beshkov em 1934. Propôs a divisão do país em sete regiões económicas: Macedónia Ocidental, Médio Oriente, Macedónia Oriental, Sófia, Pirin, Trácia, Rhodopes e Sudeste.

A fase seguinte, que propunha uma nova divisão económica, ocorreu em 1952-1953. Uma conferência científica da Academia das Ciências da Bulgária, na qual participaram muitos economistas, sugeriu que: ... "a divisão económica do país não coincidia com o padrão existente de unidades administrativas", distritos e municípios. Durante o debate, o Acad. Ignat Penkov defende a opinião de que as unidades administrativo-territoriais "distritos" são regiões económicas, ou seja, existe uma cobertura de unidades administrativas com regiões económicas.

Tianko Yordanov de 5 regiões económicas: Noroeste, Nordeste, Sudoeste, Marisho-Rhodope e Sudeste.

O professor Hristo Marinov propõe a divisão do país em três regiões: Bulgária do Norte, Bulgária do Oeste e Bulgária do Sul.

Foram efectuados estudos intensivos entre 1956 e 1960. Os resultados desta investigação foram publicados no Volume II da Geografia da Bulgária, em 1961, e na Zonalização Económica da República Popular da Bulgária, em 1963, com um total de 10 esquemas de zonamento, incluindo a produção, a demografia e as actividades socioeconómicas, etc.

Outro esquema a ter em conta neste estudo diz respeito às unidades hierárquicas inferiores: as sub-regiões e micro-regiões propostas por uma equipa da BAS (1983)8. Muitos economistas consideram as zonas como formações de sub-regiões interligadas. Cada sub-região é composta por um número diferente de micro-regiões de estatuto social e económico variável. Os antigos distritos, atualmente centros municipais, são considerados microrregiões. A investigação, que provou todas as unidades hierárquicas acima enumeradas, decorreu principalmente entre 1965 e 1985. [17][18]O resultado da investigação e da análise deu origem a 9 regiões socioeconómicas: Sudoeste, Oeste da Alta Trácia-Rodope, Leste da Alta Trácia-Rodopski, Sudeste, Nordeste de Primorski, Nordeste da Danúbia, Yantrenski, Witsko-Osamski e Noroeste, equipa BAS (1989).

O desenvolvimento regional é uma ciência de gestão, administração e economia do território. O desenvolvimento de uma região ajuda a resolver os problemas económicos e sociais da região. [19]Nesta perspetiva, a Lei do Desenvolvimento Regional (RDA) define a finalidade, o objeto e os objectivos da gestão espacial e territorial do nosso território nacional. A Lei do Desenvolvimento Regional é o sinal formal de uma nova etapa, destinada a resolver os principais problemas da política de desenvolvimento regional e a assegurar a transição para uma política regional concetual, integrada, financeiramente segura e publicamente anunciada e acompanhada. Tem como objetivo criar regras para a atribuição e utilização dos fundos de desenvolvimento regional e para a regulação das relações entre os agentes de desenvolvimento regional, bem como criar as condições para o cumprimento das exigências da política regional da União Europeia.

[20]Na aceção da lei RDA 2008, as zonas são constituídas com base na sua localização geográfica e no número de habitantes. As zonas que compõem o nível 1 não representam unidades administrativas ou territoriais e são as seguintes

1. A região Norte e Sudeste da Bulgária, que inclui a região Noroeste, a região Centro-Norte, a região Nordeste e a região Sudeste.

2. A região sudoeste e centro-sul da Bulgária, que inclui a região sudoeste e a região centro-sul.

As zonas que compõem o nível 2 não representam unidades territoriais administrativas e têm o seguinte âmbito territorial :

[17] BAS Collective, Territorial Production Complexes in Southern Central Bulgaria, ed. BAS, Sofia 1983, BAS Collective, Physical and Socio-Economic Geography of Bulgaria, ed. ForkCom Sofia 2002, Karastoyanov, S., et al, Regional Geography of Bulgaria: Planning Areas-Short Characteristics, Sofia: Kliment Ohridski University Press, 2001, Petrov, K., Geo-Economic Diretion of the Planning Areas, Sofia ed. Avangard Prima, 2008. Curta-metragem, Sofia: Imprensa da Universidade Kliment Ohridski, 2001, Petrov, K., Direção Geo-Económica das Áreas de Planeamento, Sofia ed. Avangard Prima, 2008.
[18] BAS, Physical and socio-economic geography of Bulgaria, Pour Com Sofia 2002.
[19] Lei de Desenvolvimento Regional. Anúncio, SG, nº 26 de 23.03.1999.

[20] RDA de 31.08.2008, alterado. SG. nu. 66 de 26.06. 2013, define no Capítulo Dois: A base territorial do desenvolvimento regional no artigo 4 (2)

1. Região noroeste, que inclui os distritos de Vidin, Vratsa, Lovech, Montana e Pleven.

2. Região Centro-Norte, que inclui os distritos de Veliko Turnovo, Gabrovo, Razgrad, Rousse e Silistra.

3. Região nordeste, que inclui os distritos de Varna, Dobrich, Targovishte e Shumen.

4. Região sudeste, que inclui os distritos de Bourgas, Sliven, Stara Zagora e Yambol.

5. Região sudoeste, que inclui os distritos de Blagoevgrad, Kyustendil, Pernik e Sofia.

6. Região centro-sul, que inclui os distritos de Kardzhali, Pazardzhik, Plovdiv, Smolyan e Haskovo.

Com base nesta classificação, a República da Bulgária está dividida em três níveis:

A NUTS1 abrange as duas zonas territoriais do Norte e do Sudeste da Bulgária e as regiões do Sudoeste e do Centro-Sul.

A NUTS2 abrange as seis regiões estatísticas (Noroeste, Centro-Norte, Nordeste, Sudeste, Centro-Sul e Sudeste).

NUST3 com 28 distritos territoriais administrativos. A nível local LAU1, 264 municípios, 231 dos quais pertenciam a zonas rurais em 2014.

É de salientar o interesse pelas regiões e, em particular, pelo regionalismo nos principais países da Europa Ocidental, Alemanha, França, Itália, Inglaterra e outros. A ativação das "ideias regionais" no Velho Continente foi assinalada em 1996, quando existiam na Europa mais de 300 regiões de diferentes territórios político-administrativos com mais de 400 milhões de habitantes. Na "Declaração do Racionalismo na Europa". A ideia era que as regiões ultraperiféricas apresentassem os seus países no quadro institucional. O evento iniciador é a Assembleia das Regiões da Europa, que procura estabelecer a "Declaração" não tanto para a Europa como fora dela.

A formação da política regional na Comunidade, ao longo do seu desenvolvimento, tem por objetivo reduzir os desequilíbrios estruturais entre as regiões da CEE-UE e acelerar o desenvolvimento equilibrado dos territórios em toda a União. Todos os objectivos e tarefas estabelecidos baseiam-se nos conceitos de coesão e de cooperação económica entre os Estados-Membros. A criação de estratégias e a atualização dos contratos existentes é uma prática corrente na União. Para o efeito, a UE-CE está a implementar uma política de desenvolvimento rural para todos os Estados-Membros. As zonas rurais da UE-CE cobrem mais de 90% do território e representam cerca de 60% da população. A política de desenvolvimento rural da UE tem por objetivo apoiar uma parte significativa da população rural da Comunidade. Muitas destas zonas enfrentam grandes desafios sociais, económicos, ambientais e infra-estruturais. As actividades económicas e as empresas activas, os trabalhadores rurais, a agricultura e a silvicultura não são ainda suficientemente competitivos.

Na literatura, o conceito de "zonas rurais" é considerado individualmente, dada a sua especialização, com vista ao desenvolvimento de actividades ligadas à agricultura. A formação das zonas rurais é influenciada por uma série de factores: localização, agro-clima, ecologia, sócio-economia, geodemografia, política de formação, infra-estruturas, etc. Estas zonas encontram-se num processo contínuo de mudança e desenvolvimento em função da sua localização, da proximidade de um grande centro socioeconómico, das zonas urbanas, da disponibilidade de infra-estruturas técnicas e sociais, etc. No que respeita à terminologia e à formação do conceito de "zonas rurais", existem diferentes interpretações e opiniões.

[21]De acordo com Madjarova (2000), estas são zonas "... onde os trabalhadores agrícolas ocupam uma proporção relativamente elevada da população e vivem nessas zonas e onde predomina o modo de vida rural ...". Estas zonas são descritas como tendo uma infraestrutura técnica e social menos desenvolvida, falta de capital, baixa produtividade do trabalho, actividades sociais degradadas e um nível de vida abaixo da média nacional. O papel de centro municipal é implementado com sucesso na aldeia ou pequena cidade da respectiva unidade administrativa, definida por disposições legais.

Outros autores definem as zonas rurais como: "Unidades administrativo-territoriais mais pequenas que fazem parte da regionalização do país. A população exerce actividades agrícolas, caraterísticas do modo de vida rural. A atividade económica nestas zonas é inferior à média nacional e as infra-estruturas técnicas e sociais são pouco desenvolvidas. [22]Estas zonas são as mais pequenas na estrutura administrativa e territorial do país". Os processos de divisão territorial do trabalho e o impacto de vários factores socioeconómicos permitem identificar e formar zonas rurais cuja atividade principal está ligada ao desenvolvimento de actividades agrícolas, mas que fazem parte da divisão administrativa e territorial do país.

De acordo com Madjarova (2000), "... por zonas rurais entendemos uma comunidade territorial distinta que faz parte da divisão administrativo-territorial do país. Predomina a [13] capacidade da economia rural... "[14].

[2]Na União Europeia, para as zonas rurais, são elegíveis as unidades territoriais com uma densidade populacional de 100 p/km ou uma percentagem relativa de emprego agrícola igual ou duas vezes superior à média comunitária para qualquer ano após 1985. As alterações da situação socioeconómica de um país da UE têm um impacto no desenvolvimento global das

---

[21] Madjarova, S., The Rural Areas in Bulgaria: Essence and Classification, Sofia-University PublishingHolding, 2000.
Blajeva, V., e equipa, Desenvolvimento rural, ed. D. Tsenov Svishtov, 2011.

zonas rurais. [23][24]Em geral, as "zonas rurais" são definidas como certas pequenas unidades administrativas cuja população é inferior ao limiar de uma zona urbana..." . Este limiar varia consideravelmente dentro da UE, de 200 habitantes na Suécia a 10 000 em Itália ou na Alemanha.

Em 1988, na sua publicação "O Futuro da Sociedade Rural", a Comissão Europeia definiu as zonas rurais: "...as zonas rurais são paisagens com uma estrutura socioeconómica e ecológica modelada. [25]Estas unidades territoriais podem incluir aldeias, pequenas cidades, centros regionais e outras povoações..." . Com base nesta conclusão, a Comissão Europeia determina que as zonas rurais ocupam 80% do território de 12 Estados Membros e albergam metade da população da CEE-UE. Esta evolução não é completa, uma vez que as zonas e os métodos de determinação do seu estatuto rural na Comunidade não são especificados.

De acordo com o programa LEADER 1 introduzido pela CE em 1991, a definição de uma zona rural: "...As zonas rurais são consideradas como municípios com uma população de 500010000, com uma população até 100.000. [26]A população de qualquer localidade não excede os 10.000 habitantes, a densidade é inferior a 120 p/km2, com uma média de 115 p/km2 na CEE..." .

Em 1995, na estratégia agrária elaborada para a política agrícola comum da UE, foi utilizada a mesma definição para a UE e para os novos Estados-Membros da Europa Central e Oriental.

[27]A Declaração de Cork, adoptada na Conferência Europeia sobre o Desenvolvimento Rural (CEDR) em 1996, define estes territórios como "...zonas que cobrem 80% do território da UE e onde vive 25% da população, caracterizadas por uma cultura, uma estrutura económica e social únicas, uma combinação extraordinária de actividades económicas e paisagens diversificadas (florestas, terras aráveis, zonas naturais, aldeias, pequenas cidades e pequenas indústrias)..." .

Na Declaração de Cork, as zonas rurais são definidas, pela primeira vez, como uma fonte de bens públicos fora do sector do desenvolvimento agrário. Trata-se de zonas independentes que não são apenas uma fonte de recursos alimentares, mas que formam a sua própria aparência e desenvolvimento com base em paisagens desenvolvidas, recursos naturais, património cultural, potencial geodésico e outros elementos.

---

[23] Madjarova, S., Rural Development, Sofia University Publishing, Holding, 2000. Madjarova, S., Development of Rural Areas - A Definite Goal of State Policy Economics and Management in Agriculture, XLVIotol, 2002, N 4, com 54-57.

[24] Kovalenko, E., e autor, Regional Economy and Management, Pitar-Press-Saint Petersburg 2008.

[25] http://ec.europa.eu/agriculture/cap-overyiem/2012.bg./European Comissão sobre a Política Agrícola Comum. Parceria entre a Europa e os agricultores.

[26] http://ec.europa.eu/, Comissão Europeia - Abordagem Leader - Orientações de base.

[27] http://ec.europa.eu/about-eu/eu-history/1990-1999/index.bg.htm, Conferência sobre o desenvolvimento rural.

A superação das diferenças socioeconómicas representa uma nova fase do desenvolvimento rural. Trata-se de uma nova base europeia para o desenvolvimento deste tipo de zonas. Os parlamentos do Conselho da Europa (PACE) adoptaram a Recomendação 1296/1996 sobre a Carta Europeia das Zonas Rurais. Neste documento, as zonas rurais são definidas da seguinte forma: "... zonas interiores e costeiras, incluindo aldeias e pequenas cidades, onde a maior parte da terra é utilizada para: 1) agricultura, caça, pesca e silvicultura. 2) As actividades económicas e culturais da população dessas zonas. 3) O desenvolvimento de áreas não urbanizadas em zonas ou reservas de recreio e lazer. 4) Para outros fins, como zonas residenciais... [28]"Hanover (2000) .

Na maioria dos casos, as zonas rurais têm uma função agrícola que tem um impacto social e económico no desenvolvimento da região. É importante criar condições de vida aceitáveis nas zonas rurais no que diz respeito a todos os aspectos económicos, sociais, infra-estruturais, ambientais e etno-culturais. As zonas situadas na proximidade de grandes centros administrativos ou de aglomerações urbanas distinguem-se das zonas situadas na periferia da região. As zonas de desenvolvimento devem ter em conta o modo de vida específico da população local e o ambiente paisagístico. Este tipo de zona exige a construção e o desenvolvimento de infra-estruturas sociais e económicas suplementares. A transformação da agricultura e o aumento da sua competitividade serão determinados pela diversificação da atividade económica nas zonas rurais, pelo desenvolvimento do sector dos serviços, pela preservação dos municípios rurais como fonte de mão de obra e como condição prévia para o emprego na agricultura. A definição dos conceitos de "zonas rurais" e "territórios rurais" é essencial para revelar as diferenças regionais a este respeito. Na maioria dos estudos económicos, a noção de espaço rural prevalece no seu sentido geográfico; está associada a um determinado território onde a atividade económica é diversificada e dispersa, com um claro predomínio de actividades económicas primárias (agricultura, minas, silvicultura), baixa densidade populacional e relativa independência do impacto dos centros urbanos. Como critério de classificação das zonas rurais, devem ser tidas em conta as ligações essenciais entre estas zonas e os centros urbanos. Nesta base, foram desenvolvidos dois métodos: um pela OCDE e outro pelo Eurostat. Ambas as classificações são úteis para a investigação e análise das zonas rurais na UE.

O método "de até" da OCDE (2006)20 é aplicado a dois níveis, local e regional. [2]A nível local, o método define as zonas rurais como: "municípios com uma densidade populacional inferior a 150 p/km". A densidade populacional entre zonas rurais e urbanas é o

---

[28] Guiding principles for sustainable spatial development on the European continent, Conferência Europeia dos Ministros responsáveis pelo Planeamento Regional, Hanover 7-8.09.2000.

critério mais comummente utilizado, mas não é suficiente, por si só, para definir definitivamente as zonas rurais. A nível regional, o método da OCDE inclui amplamente as unidades administrativas de acordo com o seu grau de "ruralidade", com base na proporção da população da região que vive em zonas rurais.

A definição de zonas rurais da OCDE baseia-se na densidade populacional (p/km2) e na proporção da população que vive em zonas rurais. Este tipo de critérios permite distinguir três tipos de zonas: zonas predominantemente rurais, zonas intermédias e zonas predominantemente urbanas. O método do Eurostat baseia-se no grau de urbanização das regiões europeias, podendo ser utilizados os seguintes critérios

1) zonas densamente povoadas: trata-se de grupos de municípios vizinhos, próximos uns dos outros, com uma densidade populacional superior a 500 p/km2 e uma população total de pelo menos 50 000 habitantes.

2) regiões intermédias: são grupos com uma população superior a 100 p/km2 que não pertencem a zonas densamente povoadas. A população total da área deve ser de pelo menos 50.000 habitantes ou deve ser adjacente a áreas densamente povoadas.

3) [2930]zonas escassamente povoadas - trata-se de grupos de municípios que não são classificados como densamente povoados nem como intermédios.

Os municípios ou séries de municípios que não atingiram a densidade exigida, mas cuja densidade de área está próxima da mencionada acima, são considerados como tal. Se estiverem situados entre zonas densamente povoadas e zonas intermédias, são considerados intermédios. Pode presumir-se que estes grupos de municípios devem ter uma superfície mínima de 100 km2.

[2]Segundo o autor do livro, sem pretender ser exaustivo sobre a questão das "zonas rurais", é dada a seguinte definição: "Pequeno município ou grupo de pequenas localidades [21] com uma população inferior a 35 p/km, distante do centro da região 60 km e onde 70% da população se dedica a actividades agrícolas e de diversificação".

[31]No caso da Bulgária, a definição nacional aplicada às zonas rurais é a seguinte: "... zonas rurais - municípios em (LAU1) onde não existe uma zona urbana com mais de 30 000 habitantes..." .

Esta definição é utilizada e aplicada nos programas e estratégias nacionais e de

[29] Plano estratégico nacional para o desenvolvimento das zonas rurais (2007-2013), Conselho de Ministros da República da Bulgária, março de 2006.

Programa de Desenvolvimento da Bulgária 2014-2020, Conselho de Ministros da República da Bulgária, março de 2013.

[31] Programme de développement rural 2007-2013, Ed. MAF, Programme de développement rural 20014-2020, Ed. MAF, Programa de Desenvolvimento da Bulgária 2014-2020, Conselho de Ministros da República da Bulgária, março de 2013, União Europeia, Programa SAPARD - Revisão do Programa SAPARD na Bulgária, Estónia, Letónia, Polónia, Roménia, Hungria e República Checa: regiões - Sofia: Foundation Europe Foundation, 2005.

desenvolvimento rural. Na sua qualidade de Estado-Membro da UE, a Bulgária respeita os conceitos e as regras de formação da rede rural e alinha a sua legislação em matéria de desenvolvimento regional com a da União, como segue:

1. Regulamento (CE) n.º 1698/2005 da Comissão relativo ao apoio ao desenvolvimento rural pelo Fundo Europeu Agrícola de Desenvolvimento Rural (2007-2013)

2. Plano Estratégico Nacional de Desenvolvimento Rural - PSDR (2007-2013)

3. Programa de desenvolvimento rural (2007-2013)

4. Programa de desenvolvimento rural (2014-2020).

5. Regulamentos de aplicação das medidas SPS (2007-2013 e 2014-2020).

Cada país membro deve criar uma rede nacional de desenvolvimento rural que reúna todas as organizações que trabalham neste domínio. O conceito de desenvolvimento deve conter os seguintes elementos Uma análise das condições prévias para o desenvolvimento rural no país. Um levantamento das atitudes, uma descrição das áreas existentes e a necessidade de criar novas áreas. Estrutura, pressupostos e objectivos da rede nacional. Uma panorâmica das interconexões entre a rede rural nacional da Bulgária e a da UE e uma unidade administrativo-territorial com uma baixa densidade populacional, o centro municipal pode ser a aldeia ou a cidade.

O Programa de Desenvolvimento Rural (PDR) 2007-2013, bem como o próximo quadro de programação (2014-2020), inclui três orientações principais: desenvolvimento de uma agricultura e de uma silvicultura competitivas, aplicação de novas tecnologias na indústria alimentar. Promoção do emprego e desenvolvimento de actividades não agrícolas nas zonas rurais.

[32]As informações sobre a população da Bulgária e as zonas rurais por distrito da região Centro-Sul baseiam-se no Instituto Nacional de Estatística (INE). [33]A população da UE em 2011 era de 503492041, com mais de metade da população dos 27 Estados-Membros (em 2015, os Estados-Membros são 28 com a República da Croácia). As zonas rurais cobrem 90% do território da UE e albergam cerca de 60% da população. De acordo com o último recenseamento nacional, a população do país era de 7364570 em 01.02.2011 e de 7245677 em 2013. Relativamente às zonas rurais, em 2013, a região centro-sul contava com 686491 pessoas. Em 2011, o número de cidades era de 255 e o número de aldeias de 5047, com 264 municípios, 231 dos quais são rurais e representam 87,5% do total de municípios (em 01.01.2015, o município de Sarnitsa tem o estatuto de unidade administrativa autónoma). [2]A

---

[32] http://www.nsi.bg
http://ec.europa.eu/Eurostat

população das zonas rurais da região Centro-Sul em 2015 era de 672284 habitantes, com uma densidade média de 36,61 p/km . [2]O território das zonas rurais cobre 90371 km, ou seja, 81% do território nacional e 43% da população, ou seja, 3166755 pessoas. A densidade média nas zonas rurais da Bulgária é de 40 p/km2 , com uma densidade média de 74,6 p/km2.

Nas zonas rurais da região Centro-Sul, a densidade populacional média em 30.12.2013 era de 38 p/km2, inferior aos indicadores médios do país e da UE. Em 186 localidades, ou seja, 3,7% do total de localidades, não há pessoas recenseadas, sendo que 21% das áreas povoadas têm até 50 pessoas e 36% das áreas povoadas têm uma população de 100.500 habitantes. A Comissão Europeia, responsável pelo desenvolvimento rural para o período 20072012, define o território do país da seguinte forma: 15 dos distritos são "zonas predominantemente rurais", 12 são "zonas intermédias" e 1 é uma zona urbana "cidade de Sófia".

O Quadro 1 mostra que as zonas rurais ocupam pouco mais de 81,46% do território búlgaro e estão próximas das estatísticas médias da UE. A percentagem da população que vive em zonas rurais está próxima da média das estatísticas rurais nacionais do país. As informações empíricas do quadro 1 mostram que existem zonas rurais distintas no país, que satisfazem os requisitos europeus pertinentes.

Tab. 1 Percentagem do território, da população em relação ao país, à região e às zonas rurais por distrito da região Centro-Sud em 2011

Região	Território		Local habitado		Zonas rurais	
	zona em kM²	%	número	%	número	%
Bulgária	111001		5302		231	
Região Centro-Sul	22365	20,15%	1305	20,19%	50	21,65%
Zonas rurais da região Centro-Sud	18219,14	81,46%	919	47,36%	50	21,65%
Zonas intermédias	9433,23	51,78%	328	51,90%	27	54,00%
Zonas predominantemente rurais	8785,91	48,22%	591	48,10%	23	46,00%
Zonas rurais da região de Kardzhali	2631,26	14,44%	352	38,30%	6	12,00%
Zonas rurais da região de Pazardzhik	3822,28	20,98%	85	9,25%	10	20,00%

Zonas rurais da região de Plovdiv	5204,63	28,57%	155	16,87%	16	32,00%
Zonas rurais da região de Smolyan	4228,60	23,21%	154	16,76%	9	18,00%
Zonas rurais da região de Haskovo	2332,37	12,80%	173	18,82%	9	18,00%

Informações do INS e cálculos do autor

No quadro. 1, as zonas rurais dos distritos são apresentadas em percentagem do total. As zonas rurais da região centro-sul representam a maior percentagem da população. A maior percentagem em termos de território é a das zonas rurais da região de Plovdiv (28,57%) e a menor a das zonas rurais da região de Haskovo (12,80%). As zonas rurais do distrito de Kardzhali são as mais numerosas (38,30%) e as da região de Pazardzhik as mais pequenas (9,25%). As zonas rurais da região de Plovdiv são as mais densamente povoadas.

A investigação e a análise das zonas rurais são necessárias para identificar os seus pontos fracos e fortes e para adotar programas estratégicos para o seu desenvolvimento futuro. Os problemas das zonas rurais podem ser resumidos em vários aspectos: Dados geodemográficos negativos sobre os seus territórios; difícil desenvolvimento na construção de projectos de infra-estruturas técnicas e sociais; falta de novas tecnologias e de capital; falta de informação sobre o desenvolvimento de projectos empresariais; ausência ou falta de acesso a informação de natureza tecnológica, financeira, jurídica e programática; baixa especialização das indústrias e falta de concorrência; desenvolvimento do sector primário apenas na maioria das zonas e fraca preparação do aparelho administrativo para lidar com programas e documentos europeus. As definições e interpretações de "zonas rurais" variam consideravelmente na Europa. Para alguns países da UE, o principal indicador para definir as zonas rurais é o número de habitantes. [2]Para a Comunidade, o principal critério é a densidade populacional (p/km). 60% da população da UE vive em zonas onde o fator demográfico geográfico não é negativo ou onde os valores são mínimos. As aldeias e pequenas cidades (em termos de população) que não se enquadram na definição nacional de zonas rurais, mas que têm a mesma indicação, devem beneficiar dos mesmos direitos e oportunidades para a execução de programas sociais, económicos, ambientais e financeiros.

1.3. A integração regional como fator de desenvolvimento rural

A integração é um processo que evolui não só dentro de um determinado país, mas abrange áreas geográficas mais vastas numa perspetiva global. A necessidade de criar uma sociedade integrada leva à formação de diferentes uniões ou associações baseadas em interesses políticos ou económicos. A integração regional é aplicada sob certas condições impostas pela entidade à entidade, a implementação e utilização de documentos, pareceres, resoluções, cartas e requisitos, programas de desenvolvimento pelas contrapartes. O planeamento regional, a investigação e a análise das regiões, a sua formação em diferentes sistemas administrativos territoriais, são objeto das instituições europeias. Está ligado ao desenvolvimento político, social e económico dos países. Para a Europa, a integração regional como ato político teve lugar em 20 de maio de 1983 em Teramollis, Espanha. Os ministros dos Estados-Membros da CEE na altura, responsáveis pelas questões de ordenamento do território, adoptaram uma carta para o "Ordenamento do Território Europeu". Este documento é recomendado aos Estados-Membros da União enquanto comunidade democrática. Pela primeira vez, foram definidos e estabelecidos os objectivos da política de ordenamento do território, a melhoria da qualidade de vida e as actividades da população nos países da CEE. O objetivo desta Carta é modificar e desenvolver o ordenamento do território a longo prazo dos Estados-Membros, com vista a um desenvolvimento mais equilibrado e sustentável do ambiente e dos locais onde vivem os europeus. A própria Carta dá um impulso à cooperação a longo prazo entre a CEE e a UE, reforçando ainda mais o caminho para a unificação da Europa e a aproximação dos Estados do Velho Continente. O ordenamento do território orienta os países da União Europeia no planeamento da sua situação económica, social, cultural e ambiental. A dimensão europeia da Carta contribui para melhorar o ordenamento do território a longo prazo.

A participação pública em todos os níveis regionais deve ser ativa. Os cidadãos devem ser informados de todos os projectos relacionados com os planos de desenvolvimento regional e de todas as decisões e procedimentos. Todos os princípios enunciados na Carta elaborada e aceite pelos países da Comunidade devem ser coerentes e aplicáveis nos planos regionais da estrutura administrativa e territorial de cada uma das partes. O acordo adotado pelos países da CEE-UE tem um papel importante a desempenhar no desenvolvimento e na reunificação da União nas próximas décadas.

A adoção da "Carta Europeia da Autonomia Local" em Estrasburgo, em 15 de outubro de 1985, está em grande parte no centro do desenvolvimento da política regional da CEE-UE. Trata-se de uma extensão natural da política de desenvolvimento regional da Comunidade Europeia. [34][35]Na Bulgária, a Carta foi ratificada por uma lei da 37ª Assembleia Nacional, em 17 de março de 1995.

A Carta contém dezoito artigos. Um dos objectivos deste documento, assinado pelos Estados-Membros, é o reforço da cooperação no domínio do desenvolvimento socioeconómico.

---

[34] Du, SG, número 28 de 28.03.1995.
[35] Carta Europeia da Autonomia Local, Estrasburgo, 15.10.1985.

As autarquias locais são consideradas como o cerne de toda a organização e governação democráticas. É por isso que todos os cidadãos têm o direito de participar na gestão das câmaras municipais, dos municípios e dos distritos. A preservação e o reforço da autonomia local nos diferentes países europeus constituem um contributo importante para a construção de uma Europa unida, baseada nos princípios da democracia e da descentralização dos poderes. Por outro lado, este ato democrático cria as condições para a formação e a diferenciação dos territórios.

A Carta (1995) baseia-se fundamentalmente no princípio (artigo 4.º, n.º 3): "... a missão de gestão deve ser exercida pelas colectividades locais mais próximas dos cidadãos da sua circunscrição e familiarizadas com os problemas do território que gerem... "[26].

Os princípios da autonomia local devem ser consagrados nas Constituições dos Estados-Membros da CEE-UE. A adesão à "Carta Europeia da Autonomia Local" efectua-se segundo uma ordem específica para o país em causa, por ratificação para aceitação e aprovação. Após a receção do produto para o país em causa, o Secretariado-Geral do Conselho da Europa é notificado e os documentos pertinentes são apresentados para análise e eventual aprovação pelo país requerente. O Tratado de Maastricht foi assinado em 7 de fevereiro de 1992, em Maastricht (Países Baixos), pelos então 12 Estados-Membros da UE.

Após longas negociações, o novo Tratado entrou em vigor em 1 de novembro de 1993. A CEE-UE é essencialmente uma comunidade de desenvolvimento integrado dos Estados-Membros. Tem duas componentes principais: um mercado comum gerido pelos Estados-Membros e uma política interna e externa comum no domínio da justiça e dos assuntos internos na Comunidade. Posteriormente, um complemento importante dos acordos de Maastricht foi a Estratégia de Lisboa de 2000, que responde aos desafios da globalização e do envelhecimento da população na UE. A estratégia inicial está a transformar-se gradualmente numa estrutura extremamente complexa, com múltiplos objectivos e actividades, e muitas responsabilidades e tarefas pouco claras. Por este motivo, foi dado um novo impulso à estratégia de Lisboa em 2005. A fim de definir mais claramente as prioridades, os objectivos e as tarefas, a estratégia centra-se no crescimento e na criação de emprego. Globalmente, a estratégia de Lisboa está a ter um impacto positivo na UE. As principais orientações para o desenvolvimento da política regional na UE centram-se no desenvolvimento das zonas rurais e estão divididas em três áreas: melhoria da competitividade das regiões, aumento e melhoria do emprego e desenvolvimento equilibrado das zonas urbanas e rurais. Um domínio de interesse é o último domínio em que a Comissão estabelece prioridades para o desenvolvimento das zonas rurais da UE. Nestas zonas, é necessário manter o ambiente rural vivo e a identidade das regiões, mas isso só é possível se houver incentivos financeiros aos agricultores e à produção, modernização dos sectores e subsectores nas regiões e, consequentemente, melhorias na qualidade da produção e na sua realização nos mercados. A prossecução da política europeia de desenvolvimento regional tem também como objetivo a melhoria das condições de vida nas zonas rurais. O prolongamento natural deste processo foi a assinatura do Tratado de Lisboa pelos Estados-Membros da Comunidade (27), a 13 de dezembro de 2007, em Lisboa, durante a Presidência Portuguesa da UE, e a sua entrada em vigor a 1 de dezembro de 2009. Na literatura económica e científica, os termos "região" e "território" são utilizados para analisar a terminologia em ambos os sentidos. Estes conceitos não diferem em princípio (sinonímia), mas a prática mostra que o termo "região" é utilizado nos países europeus para designar territórios mais vastos. A região utiliza certas formas e caraterísticas naturais para traçar os seus limites. Por seu lado, dá ênfase à descentralização, às zonas económicas livres, aos territórios locais, aos centros económicos especializados e às zonas autónomas em que não existe um centro específico. A região pode ser amplamente utilizada para determinar o estatuto em termos socioeconómicos.

Na literatura, existem várias interpretações do termo "região", traduzido do latim "reger", território ou linha de demarcação. Na Antiguidade, o termo "regio" designava um Ariel, um território que não tinha fronteiras distintas ou que não era um centro administrativo, mas que estava sujeito a gestão e controlo.

O geógrafo romano Estrabão (64-23 a.C.) inovou nesta terminologia. Nos seus dezassete volumes de Geografia, propôs a divisão do Império Romano em regiões com base em critérios naturais.

Outra interpretação do termo é "reh" - governante, posse. Esta terminologia está a ganhar popularidade e está ligada a certos territórios e à sua gestão. Existem fronteiras entre certos territórios com posições próprias, a cooperação entre sociedades começa a ser procurada, a fronteira não é vista como um espaço de divisão, mas como um lugar de cooperação e de convergência das populações. A própria palavra "região" tem diferentes definições: área ou território geográfico, área administrativa, área económica ou zona de comércio livre, parte de um determinado território ou área.

O termo provou a sua versatilidade enquanto conceito complementar utilizado em todas as interpretações políticas e económicas. É decisivo para caraterizar um determinado território ou áreas dentro das suas fronteiras económicas ou políticas. Pode ser utilizado para descrever os recursos naturais, a população, os assentamentos humanos, etc., em termos socioeconómicos. O próprio termo região surgiu na geografia moderna no início do século XVII. Enquanto conceito de região, é utilizado para definir um território, uma unidade administrativa com o seu próprio centro ou para um determinado país. Para além da sua utilização na geografia económica e no regionalismo, o conceito pode também ser utilizado no seu sentido geográfico "puro" para descrever objectos naturais e históricos.

[36]Para a Bulgária, a terminologia utilizada é "região", aceite por uma equipa do BAS (2002) "...uma condição importante é que as regiões sejam radicalmente diferentes em termos de extensão territorial e das funções territoriais em que a política das autoridades locais é implementada...".

A região é uma parte do território nacional, que se distingue de outros territórios, tendo a conexão de elementos e o desenvolvimento global num determinado momento histórico. O termo vem do francês "rayon" e a sua tradução remete para as noções de raio ou radius. O termo é também utilizado como definição de um território ou de uma área que não tem nomes exactos. É igualmente utilizado para designar uma unidade taxonómica ou um sistema taxonómico particular. A região, enquanto conceito, está largamente ligada à centralização, à geografia política e socioeconómica. A utilização do território permite uma maior liberdade para o desenvolvimento das actividades sociais e económicas. A região tem um centro distintivo, que se desenvolve e influencia as zonas periféricas que têm futuro e oportunidades de desenvolvimento. Por seu lado, as regiões são moldadas pelas suas condições históricas, naturais e socioeconómicas únicas. Ao interagir com elas, cria-se o perfil da região correspondente. Constituem a base para a formação da especialização económica, a divisão do trabalho e a participação na política estatal de desenvolvimento regional. Outra terminologia comummente utilizada na literatura científica é a "racionalidade". Enquanto conceito, resume as manifestações, os processos e os fenómenos de uma determinada área, território ou paisagem. No contexto da zonagem económica, e em particular no que diz respeito às zonas rurais, é necessário ter em conta as caraterísticas das zonas rurais. As condições naturais devem ser tidas em conta, principalmente como recurso natural para o desenvolvimento da agricultura e da indústria. Por sua vez, podem desempenhar um papel económico em determinadas condições e actividades, em função da especialização da zona. Do ponto de vista dos objectivos de investigação deste livro, é necessário utilizar estes dois conceitos empíricos. A clarificação destes dois termos, do ponto de vista dos processos de zonagem actuais, é um instrumento básico para a gestão e o desenvolvimento de áreas espaciais locais ou nacionais ligadas ao desenvolvimento económico. O processo de zonagem tem por objetivo identificar elementos e sistemas ligados entre si em determinadas unidades territoriais. A reconciliação é um processo complexo que envolve diferentes critérios e classificações de diferentes tipos de território. Independentemente do tipo de critérios e de exigências aplicados à zonagem, a divisão ou a

---

[36] Coletivo da Academia das Ciências da Bulgária, Geografia física e socioeconómica da Bulgária, ed. Pour Sofia, 2002, Karakashev, H., etc., Problems of regional development: Hristo Karakashev lecture, Sonia Dokova, Kamen Petrov, Gabrovo ed. Ex-Press, 2008.

formação de uma determinada unidade territorial inclui o desenvolvimento socioeconómico e ambiental e a política regional.

Com base na análise dos termos "região" e "região", sigo as definições aceites utilizadas na prática, na literatura científica e nos documentos normativos, a área. Faz parte da UTA búlgara e compreende essencialmente unidades territoriais da Nomenclatura Estatística Europeia (NUTS). Neste livro, utilizo o termo "região" com base na Lei do Desenvolvimento Regional de 200828.

Capítulo DOIS **Definição do potencial dos recursos naturais**

2.1. Localização física das zonas rurais da região Centro-Sud

A região centro-sul está situada no sul do país, a sua posição astronómica situa-se entre 42°40"- 41°14 "s.g.sh. e 23°35"- 26°25 "e.g.d. O ponto mais setentrional é o município de Karlovo - o Passo de Troia a 1525 m. 42°40 "s.g.sh., o extremo sul, o pico Veska (Gumorzinski Snezhnik), aldeia de Gorno Kapinovo município de Kirkovo 41°14 "s.g.sh. O último ponto ocidental é a aldeia de Bozova, Velingrad, a 23°35 "e.g.d., o extremo oriental da região é o município de Svilengrad, a localização do vale do rio Tundja e a fronteira norte com a República da Turquia a 26°25 "e.g.d. Do ponto de vista físico-geográfico, a norte, a região abrange as partes centrais das montanhas dos Balcãs, os Rodopes do Sudoeste e os Rodopes do Leste. A oeste, faz fronteira com as montanhas Rila e Pirin e, a leste, a fronteira atinge o vale do rio Tundja.

A fronteira norte faz parte da parte mais elevada das montanhas dos Balcãs Centrais, as montanhas Troyan-Kalofer. A oeste, começa no desfiladeiro de Ribarishza, a 1720 m, e a leste atinge o desfiladeiro de Jassenski (Himichki), a 1170 m. A cadeia montanhosa desta região é constituída por granito, rochas paleozóicas e metamórficas e calcário triássico, que formam as encostas íngremes a norte e a sul. Os rios Beli e Cherni Osam, Vidima e Rositsa estão profundamente entalhados nas rochas do lado norte. Os afluentes dos rios Stryama e Tundja descem as encostas meridionais das montanhas de Troyan-Kalofer, formando altas encostas e cascatas - Djendema e Rajsko praskalo, 124 m, a maior cascata da Bulgária. A fronteira noroeste da zona coincide com a da região de desenvolvimento do Noroeste. De oeste para leste, começa no pico de Vezhen, com 2198 m, o ponto mais alto do desfiladeiro de Ribarishz. Trata-se da RDA n.º SG. nomber 50 de 30 de maio de 2008, - Capítulo II. Base territorial do desenvolvimento regional Art. 4 (5) "Os departamentos dos respectivos níveis constituem a base territorial para a implementação da política estatal de desenvolvimento regional ...".

as fronteiras de três regiões: Sudoeste, Noroeste e Centro-Sul. A fronteira oriental corre ao longo da cordilheira dos Balcãs, atravessando a reserva de Tsarichina no lado sul, passando pelo pico de Yumruk (1818 m), pela cabana de Eho (1675 m), pelo pico de Kovladan (1710 m) e chegando ao desfiladeiro de Troyan (Beklemeto, 1525 m), o ponto mais setentrional da região. A partir daqui, a fronteira continua para leste ao longo do cume da montanha, passando pelo pico Levski (2116 m). A leste, começa uma série de picos com mais de 2000 m de altitude, formando uma crista estreita e de difícil acesso - Malak Kupen e Golyam Kupen. A fronteira atinge o pico de Botev, com 2 376 m de altitude, no município de Karlovo, o ponto mais alto da zona rural da região centro-sul. Continuando para nordeste, a fronteira alcança o sopé do pico Triglav, a 2276 m. Nesta parte, existem novamente três fronteiras regionais: A região centro-norte, a região sudeste e a região centro-sul. [29]Utilizando a linha aérea Oeste-Leste, a fronteira norte da região fica a 53 km de distância.

A leste, a região faz fronteira com o sudeste e, em especial, com a região de Stara Zagora. A fronteira começa no sopé do Triglav, desce para sul e passa entre dois rios, o Tundja a oeste e o Tazha a leste, a partir de 1726 m. No vale de Kalofer, o rio Tazha corre ao longo de 26 km e é um afluente esquerdo do rio Tundja. A fronteira continua a leste de Kalofer, atravessando a estrada subbalcânica e a linha ferroviária Sofia-Burgas. Passa pelo vale de Kalofer para atravessar a cordilheira de Sarnena através do pico de Bratan, a 1236 m acima do nível do mar. Desce para sul através da aldeia de Dolno novo selo (Bratya Daskalovi, distrito de Stara Zagora) e entra na planície da Alta Trácia. A fronteira passa a leste da cidade de Brezovo (município de Brezovo) e a oeste da aldeia de Veren (município de Bratya Daskalovi), descendo para sul através da aldeia com o mesmo nome. A leste, passa pela aldeia de Bolyarino (município de Rakovski) e atravessa a autoestrada de Trakia. Continua para sul ao longo da aldeia de Orizovo (município de Bratya Daskalovi), paralelamente à autoestrada de Maritza, a sudoeste da cidade de Chirpan. Chega à aldeia de Karadjovo (município de Sadovo), atravessa o rio Maritsa e continua para nordeste até à cidade de Merichleri (município de Dimitrovgrad) e daí até à aldeia de Trakia (município de Opan). A fronteira sul atravessa a estrada Haskovo-Stara Zagora a 6 km da cidade de Dimitrovgrad e chega à aldeia de Brod (município de Dimitrovgrad). Continuando para nordeste, a fronteira atravessa a estrada Simeonovgrad-Stara Zagora. Na aldeia de Pyasakovo (município de Simeonovgrad), atravessa a estrada Simeonovgrad-Sliven e cruza o rio Sazliyka. Dirige-se para sudeste através da aldeia de Lopatsnik, atravessa a parte ocidental da montanha Sakar e continua para norte até à aldeia de Polski Gradets (município de Radnevo), passando pelas partes ocidentais das alturas do mosteiro e chegando à aldeia de Staroselets. A fronteira continua para sudeste, atravessando as colinas do mosteiro a partir do seu lado oriental e contornando o vale do rio Tundja, chegando à aldeia de Izgrev (município de Elhovo). Esta parte da região faz fronteira com o distrito de Yambol, que faz parte da região sudeste.

A sul, a fronteira corre paralelamente ao rio Tundja, passa a leste do sopé da colina de Derven e atinge a fronteira com a República da Turquia. Continua para sudoeste e passa sob as encostas meridionais da montanha Sakar, descendo para sul até à aldeia de Kapitan Andreevo (município de Svilengrad), atravessando o rio Kalamitsa, um afluente do rio Maritsa. A sul, a fronteira da região coincide totalmente com a do Estado vizinho da República Helénica, desde a aldeia de Kapitan Andreevo até ao rio Dospat. A fronteira leste-oeste tem 196 km de comprimento. Continuando para sul, passa pela aldeia de Mezek (município de Svilengrad), atravessa a colina e segue o paralelo. A fronteira estatal atravessa o vale de Arda e o rio Luda. A partir daí, segue ao longo da cordilheira de Maglenishki, através do desfiladeiro de Makaza, com 468 m de altitude, até aos Rhodopes Orientais (município de Kirkovo). O percurso faz a ligação com. A etapa no lado búlgaro com a aldeia de Komotini (Gjomrdzina) no lado grego, faz parte da estrada Rousse-Alexandroupolis E 85 do corredor transeuropeu № 9. Descendo para sul, a fronteira corre ao longo da crista do pico Gumyurdzinski Snezhnik Veika, a 1463 m., perto da aldeia de Gorno Kapinovo (município de Kirkovo). Este é o ponto mais meridional da República da Bulgária, a 44°13" de latitude sul, e é também o caso das zonas rurais da região centro-sul. A fronteira continua para leste, passando a sul da cidade de Zlatograd e entrando nos Rhodopes Ocidentais. A linha divisória entre os Rodopes Orientais e Ocidentais é o vale do rio Arda. A fronteira é paralela ao cruzamento amarelo que atravessa o beco Elise a 800 m., que liga o município de Rudozem a Xanthi (Grécia) e faz parte da estrada internacional 2-86 Plovdiv-Xanthi. Neste ponto deverá estar operacional um posto de controlo fronteiriço. Existe uma infraestrutura do lado búlgaro. Através da crista Tsigansko gradishte, a 1827 m acima do nível do mar, a leste, a fronteira atravessa a crista média, a 1950 m acima do nível do mar, alcançando os rios Trigrad e Krichimska. O rio Dospat entra no território grego e constitui o extremo sudoeste da região.

A oeste, a zona é inteiramente delimitada pelo sudoeste. A linha de demarcação corre ao longo da cordilheira de Dabrashki e continua para norte através da parte de Velizy Videnishki dos Rhodopes Ocidentais. Atravessa a estrada Velingrad-Razlog, passando por Belmeken e pela barragem com o mesmo nome, a norte. A fronteira continua para nordeste até ao pico de Kolarov, com 2627 m. A partir daí, através do desfiladeiro de Momina Klisura (Momina Klisura, distrito de Pazardjik, município de Belovo), a sul da cidade de Kostenets, atravessa a autoestrada de Trakia. Continuando para norte, passa a barragem de Topolnitsa e, no cume da montanha média de Ihtimian, atravessa o curso superior do rio Topolnitsa. Em direção a nordeste, passa sobre a crista da montanha Sursna Sredna Gora, Bratia 1519 m. A norte, atravessa o cume de Koznitsa, Bogdan 1604 m. [30]A fronteira da região continua para norte através das partes orientais do vale de Zlatishko-Pirdop, passando ao longo da estrada subbalcânica Sofia-Burgas e daí para as encostas meridionais das partes ocidentais da montanha Troyano-Kalofer, atingindo o pico de Vezhen, 2198 m acima do nível do mar.

2.2. Desenvolvimento sustentável, um fator aplicável ao potencial dos recursos naturais

Em meados do século XX, a economia mundial atingiu elevadas taxas de crescimento económico. A produção tinha aumentado mais de cinquenta vezes desde o início do século. As vantagens da divisão do trabalho foram reforçadas, criando as condições para a dependência económica entre as sociedades, o que, por sua vez, reforçou o impacto do fator ambiental numa perspetiva global. A relação entre "economia-sociedade-ecologia" é já um problema comum. O boom demográfico mundial e a limitação dos recursos naturais intensificam o problema entre o desenvolvimento económico e o ambiente. A realidade coloca a humanidade perante um novo desafio para o seu desenvolvimento e sobrevivência, criando a oportunidade de formar e implementar um novo paradigma - o "desenvolvimento sustentável".

O exame histórico da ideia de desenvolvimento sustentável, que se desenvolveu em diversas variantes, foi apresentado pela "teoria do desenvolvimento linear", cujos autores foram August Cont e Charles Darwin. Estes autores consideram a evolução dos indivíduos de uma forma de desenvolvimento inferior para uma forma de desenvolvimento superior.

Outro ponto de vista é o do "conceito de desenvolvimento cíclico" do autor D. Vito, posteriormente desenvolvido pelos seus discípulos Spengler, Berdjaev, Brooks e outros. O conceito é a origem, o desenvolvimento, o declínio e a morte de um ciclo nas sociedades sociais a nível local e global.

Na teoria económica, a ideia de desenvolvimento sustentável foi introduzida pela primeira vez por James C. Mill em 1857, que introduziu o termo "estado estacionário". Nesta categoria, ele define o desenvolvimento a um nível em que a população estatística é servida por capital estatístico. Nos anos setenta do século XX, o Clube Romano apresentou as ideias de Mill sob uma "nova luz".

[37]Denis Meadowes "Limites do Crescimento" (1972) procura responder às seguintes questões: "...o que acontecerá se os recursos naturais forem esgotados a um ritmo acelerado, quanto restará e o que será deixado para as gerações futuras? Naturalmente, a resposta é demasiado assustadora e conduz a um apocalipse global. Se a exploração dos recursos naturais e o boom demográfico continuarem ao mesmo ritmo dos anos 50 e 60, a civilização autodestruir-se-á através do esgotamento dos recursos naturais e da consequente catástrofe ambiental. A humanidade desenvolve-se como um sistema dentro de certos limites, como parte do ambiente natural global, e deve ter isso em conta para evitar consequências irreversíveis.

O processo de imposição do novo paradigma do desenvolvimento sustentável teve início em 1972, na Conferência das Nações Unidas sobre o Ambiente Humano, em Estocolmo. Este evento atraiu a atenção do mundo. Participaram no fórum representantes de 113 países. Mais tarde, em 1983, as Nações Unidas criaram uma Comissão Mundial sobre o Ambiente e o Desenvolvimento. A Comissão foi encarregada de redigir um relatório intitulado "O nosso

---

[37] http://www.clubofrome.org/index.php/the-limits-to-growth/

futuro comum" e foi presidida pela Sra. Harlem Brunndland, então Primeira-Ministra da Noruega. O estudo, a elaboração e a publicação do relatório em 1987 marcaram o início da perceção moderna da interação entre a sociedade humana (social) e a forma como os recursos naturais são explorados e preservados. O relatório da Comissão é composto por duas secções principais: O Estado da Terra e as suas Causas e Os Principais Meios de Prevenir Futuras Catástrofes Ambientais Globais e de Assegurar um Desenvolvimento Sustentável. O relatório "O nosso futuro comum" centra-se na pobreza numa perspetiva global, chamando a atenção para as possibilidades sociais de limitar e resolver este problema. Outra secção examina o impacto do crescimento económico e os danos que provoca. As três principais orientações para alcançar um desenvolvimento sustentável equilibrado são: desenvolvimento industrial, crescimento demográfico e proteção do ambiente. A Presidente da Comissão, Bruntland, apela a uma "nova era de desenvolvimento económico respeitador do ambiente". Pela primeira vez, um fórum tão importante apela às sociedades humanas para que modifiquem os seus conceitos económicos e estilos de vida, a fim de preservar o ambiente natural. O desenvolvimento sustentável é um processo de mudança que afecta a utilização dos recursos naturais, dando novas orientações à inovação, à tecnologia, à regulação dos processos demográficos e às mudanças institucionais que afectam o desenvolvimento das sociedades. [38]A Comissão Bruntland formulou a definição popular de desenvolvimento sustentável no seu relatório: "... o desenvolvimento é sustentável quando satisfaz as necessidades do presente sem comprometer a capacidade das gerações futuras de satisfazerem as suas próprias necessidades...".

A literatura social e económica oferece diferentes definições e opiniões sobre o desenvolvimento sustentável. [39]O filósofo antropogénico David Pearce (2013) defende o desenvolvimento sustentável: "... qualquer sociedade que se proponha a tarefa do desenvolvimento sustentável deve desenvolver-se económica e socialmente de forma a minimizar as actividades cujos custos são suportados pelas gerações futuras e, quando essas actividades são inevitáveis, a compensar as gerações futuras por esses custos...".

Os principais objectivos da gestão e do desenvolvimento sustentáveis são conhecidos como os "cinco pilares da sustentabilidade" e respondem à contradição da sociedade moderna: por um lado, aumentar a produção e os serviços e, por outro, preservar e conservar os recursos naturais à escala local e global para as gerações futuras:

- Produtividade: manter e aumentar a produção e os serviços.

---

[38] Comissão do Ambiente, da Saúde Pública e da Segurança Alimentar - Cimeira RIO+20, Comité Internacional das Comissões - Parlamento Europeu - Parlamentos Nacionais, documento de trabalho. Kanchev, I., et al. Guidelines for the realization of sustainable development objectives in rural municipalities. in Bulgaria, Economics and Management of Agriculture, LIII, 2008, N4, p.52-56, Sofia, Madjarova, S., Sustainable Development of Rural Areas in Bulgaria, Scientific Works UNWE, 2, 2004, 231-248.

[39] Pearce, D., Global Catastrophic & Existential Risk - Sleepwalking into the Abyss, publicado na Amazon em 2013.

- Segurança - reduzir o nível de risco de produção.
- Preservar e reduzir os níveis de recursos naturais utilizados.
- Viabilidade económica e justificação das receitas.
- Concentrar-se nos grupos sociais mais fracos.

A Conferência das Nações Unidas sobre o Ambiente e o Desenvolvimento, realizada no Rio de Janeiro em 1992, conduziu à adoção da Agenda 21, que inclui: a Declaração do Rio sobre o Ambiente e o Desenvolvimento, a Declaração sobre os Princípios da Gestão Sustentável das Florestas, convenções juridicamente vinculativas sobre a biodiversidade e as alterações climáticas. A Comissão das Nações Unidas para o Desenvolvimento Sustentável foi criada para assegurar um acompanhamento efetivo da Conferência das Nações Unidas sobre o Ambiente e o Desenvolvimento de 1992. Na Cimeira Mundial sobre o Desenvolvimento Sustentável, realizada em Joanesburgo em 2002, foram definidos os compromissos nacionais, regionais e internacionais de cada país em matéria de conservação dos recursos naturais.

O desenvolvimento sustentável é uma avaliação quantitativa e qualitativa, num determinado momento, de um período de desenvolvimento anterior, que determina a situação atual e as tendências futuras previstas. No que diz respeito ao indicador económico do desenvolvimento sustentável, podem ser utilizados vários indicadores baseados em parâmetros para avaliar os diferentes processos que ocorrem à escala global e local. No seu conjunto, os indicadores são fundamentais para a avaliação e o estado da economia num determinado momento e determinam também a sua evolução futura. Avaliam as inter-relações entre parâmetros sociais e ambientais e tiram conclusões sobre o desenvolvimento sustentável em [33] relação a processos específicos no presente e no futuro. De acordo com os critérios de desenvolvimento sustentável, os índices económicos podem ser classificados em diferentes categorias: o sector produtivo e financeiro, o sector administrativo e territorial, os processos e tendências demográficas, as relações económicas internas e externas dos países e regiões, as actividades de investigação e a introdução de novas tecnologias. A investigação sobre o desenvolvimento sustentável requer diferentes abordagens, métodos e estatísticas, que devem ser multiplicados. Não é possível produzir um conjunto completo de indicadores que possam ser aplicados a nível local e global. Cada país, região, município, cidade ou aldeia deve ter o seu próprio conjunto de indicadores caraterísticos e, com base neles, desenvolver diferentes métodos e programas de desenvolvimento sustentável. Cada território tem o seu próprio aspeto caraterístico, a sua aparência, o seu desenvolvimento, os seus diferentes ramos, que o distinguem do território vizinho. Estes elementos determinam o estado do seu desenvolvimento económico e social. Ao planear as metas e os objectivos do desenvolvimento sustentável, é necessário ter em conta a situação social e económica de cada região, os seus programas de desenvolvimento e as estratégias e planos nacionais. O conceito de desenvolvimento sustentável é caraterístico de todos os sectores e esferas da economia nacional, nomeadamente da agricultura e dos seus subsectores. É a inter-relação entre os diferentes sectores, o ambiente natural e a agricultura que determina a estratégia de desenvolvimento sustentável nos municípios rurais.

Há uma série de determinações para um município sustentável, mas a apresentação empírica deve ter em conta todos os aspectos económicos, sociais, demográficos e ecológicos, e para cada município são estritamente específicos. Cada município de aldeia, com base em indicadores individuais, deve determinar o seu desenvolvimento sustentável, tendo em conta as normas regionais e nacionais. O autor do livro dá a sua definição de comunidade rural sustentável, sem pretender ser exaustivo sobre o assunto: *"um município que tem uma economia competitiva bem desenvolvida, cujas condições sociais são aceitáveis e cujas normas ecológicas de proteção do ambiente são respeitadas"*.

O desenvolvimento sustentável é uma escolha algo subjectiva e moral para tomar decisões sobre a preservação do ambiente natural e, ao mesmo tempo, manter o nível de vida necessário para a nação. Existem factores objectivos que influenciam o desenvolvimento sustentável nas zonas rurais da região Centro-Sul. Devem ser considerados individualmente e, tal como os indicadores, não têm uma fórmula exacta ou uma definição do seu modelo de aplicação. Os factores condicionais são semelhantes e caraterísticos de cada zona rural. De um ponto de vista temático, podem ser divididos em quatro grupos de factores:

- Natural: o potencial das paisagens naturais, as matérias-primas minerais, o sol e a luz, o clima, a água e o solo.
- Social: demografia, infra-estruturas sociais, inovação, tecnologias de nova geração, elevado nível de educação da população, desenvolvimento cultural individual de cada município, comportamento ético e sistema de valores morais.
- Económicas: investimento, sistema de crédito, mercado de trabalho, infra-estruturas técnicas, concorrência, vontade política, capital, poder de compra da população.
- Ecológico: abiótico e biótico, capacidade de absorção do meio ambiente, respeito pelas leis naturais e pelas leis, dinâmica da natureza, presença do espaço, evolução e mudança evolutiva.

A política de desenvolvimento rural na UE e na Bulgária está diretamente dependente da Política Agrícola Comum (PAC) da UE. A agricultura e as zonas rurais foram um dos primeiros sectores a desenvolver programas de desenvolvimento desde a criação da União. Estudos sobre a opinião pública nos Estados-Membros da UE mostram claramente que um desenvolvimento rural dinâmico e sustentável é importante para os cidadãos europeus. Em

2006, foram elaborados novos programas estratégicos europeus para o desenvolvimento rural. O novo quadro jurídico da UE, e em especial a Política Agrícola Europeia (PAE), promove o desenvolvimento rural, o seu crescimento económico e social, a criação de novos empregos e a melhoria do desenvolvimento sustentável. [40]A política de desenvolvimento rural é definida no documento RDRA (2007-2013). Abrange três eixos ligados ao desenvolvimento rural:

- Melhorar a competitividade da agricultura.
- Melhorar o ambiente e ajudar na gestão do território.
- Melhorar a qualidade de vida e diversificar a economia rural.

As actividades no âmbito das medidas do eixo 2 do programa RDRA (2014-2020) destinam-se a concretizar as prioridades e a melhorar o ambiente e o nível de vida nas zonas rurais da Bulgária. As medidas do Eixo 2 são igualmente aplicáveis nas zonas rurais da região e abordam localmente a solução de problemas socioeconómicos e ecológicos: travar a perda de biodiversidade, preservar e restaurar habitats e ecossistemas importantes a nível local, nacional e europeu, melhorar a qualidade da água e prevenir a poluição de origem agrícola de acordo com as normas ambientais da UE. Incluindo a diretiva relativa aos nitratos e a diretiva-quadro relativa à água, a conservação da diversidade e da fertilidade dos solos, travando os processos de degradação dos solos, a gestão sustentável das florestas e das terras florestais. O desenvolvimento de uma estratégia para resolver os processos demográficos, o desenvolvimento da região no domínio da produção de energias renováveis, em conformidade com os objectivos e estratégias nacionais, deve ser uma prioridade para cada zona rural. O RDRA (2014-2020) foi desenvolvido utilizando uma abordagem integrada, na qual a [34] preservação das paisagens, dos solos e da biodiversidade é também considerada uma prioridade por outros eixos. O RDRA inclui no seu trabalho a adaptação às alterações climáticas, principalmente no que respeita às medidas florestais.

2.3. Condições e recursos naturais como base para o desenvolvimento rural

O complexo natural da Bulgária é constituído por três elementos: o ambiente natural, os recursos naturais e as condições naturais. Os principais elementos da sua estrutura são: localização geográfica, relevo, recursos de alto e baixo carbono, clima, água, solo, vegetação e animais. Todos estes elementos contribuem, de uma forma ou de outra, para a formação e o desenvolvimento dos complexos económicos e das unidades territoriais do país. Existe uma estreita relação entre os três componentes, o desenvolvimento de formas de formação do solo e a construção da crosta terrestre. A grande diversidade de recursos naturais com alto e baixo

---

Programa de desenvolvimento rural 2014-2020

teor de carbono no país é condicionada pelo longo e muito diferente desenvolvimento geotectónico (ainda em curso) da Península Balcânica e da Bulgária em particular.

Existem diferentes concepções de condições naturais, que se limitam à mesma interpretação, levando a uma distinção mínima com a noção de recurso natural.

Segundo Zahariev (2002)[35]: "...as condições naturais são organismos biológicos, corpos e processos naturais, que se desenvolvem e existem com a atividade antropogénica, que os modifica e utiliza em actividades económicas...".

Outros autores (2002)[36] mantêm pontos de vista sobre as condições naturais como: "...são corpos e forças naturais existentes para um certo nível de desenvolvimento da civilização humana diretamente envolvida na vida pública...".

As condições naturais são um elemento-chave para a prosperidade económica e o desenvolvimento de uma determinada região. No que diz respeito às zonas rurais da região, as condições naturais criam uma condição prévia para o desenvolvimento económico, incluindo todos os elementos do estilo de vida social, económico e ecológico. O desenvolvimento da sociedade humana ao longo dos vários períodos históricos da sua existência mostra a crescente exploração dos recursos naturais. Estes são a base do seu progresso económico e social, mas, de um ponto de vista moderno, é necessário utilizar o novo paradigma do "desenvolvimento sustentável".

É necessário fazer referência à definição de recurso natural e, para esse efeito, a literatura científica e económica mundial utiliza a terminologia de Reimers (1990)[37]:

"Os recursos naturais são objectos e fenómenos naturais utilizados no presente, no passado e no futuro para consumo direto e indireto, contribuindo para a criação de riqueza material, a reprodução dos recursos de trabalho, a manutenção das condições de existência da humanidade e a melhoria da qualidade de vida (recursos de conforto, recursos naturais, incluindo os fenómenos naturais).

Por outro lado, os recursos naturais podem ser agrupados de acordo com a sua utilização e finalidade: meios de trabalho - terras agrícolas, cursos de água (lagos, rios, mares e oceanos), água para irrigação e fontes de energia com baixo teor de carbono; fontes de energia - hidroeletricidade, urânio e fontes com alto teor de carbono. Os produtos de consumo incluem a água potável e as espécies oceânicas (flora e fauna). A criação de um banco de genes apoia o desenvolvimento da genética na agricultura. A imposição de novas tecnologias na utilização de fontes de energia renováveis com baixo teor de carbono cria as condições necessárias para estimular as economias rurais. Os recursos naturais também podem ser considerados de um ponto de vista económico, referindo-se este termo a todos os recursos naturais que criam, direta e indiretamente, as condições prévias para o desenvolvimento económico e social da sociedade.

São utilizados numa determinada fase do desenvolvimento humano, em função do progresso tecnológico e das necessidades.

As condições naturais podem, nalguns casos, ser consideradas como um conceito comum de recursos naturais. A diferença pode ser procurada com base nos seus critérios: a tecnologia de extração, de acordo com as necessidades económicas; o conhecimento de um determinado tipo de recurso natural e a justificação ecológica do rendimento. A utilização dos recursos naturais pode ser dividida em quatro categorias: extensiva, intensiva, ecológica e "conservação de jazidas":

- Forma extensiva associada à extração de grandes quantidades de recursos naturais para satisfazer as necessidades da sociedade, até ao esgotamento dessas quantidades.

- A forma intensiva está próxima da filosofia do desenvolvimento sustentável, baseada em rendimentos medidos e adaptados, onde podem ser utilizadas tecnologias sem resíduos.

- A forma ecológica de 1'ul ly responde à necessidade de um desenvolvimento sustentável - o produto satisfaz as necessidades económicas, sociais e ambientais da sociedade.

- A conservação dos recursos naturais (jazidas) está ligada à descoberta e à preservação do potencial natural para as gerações futuras, bem como à selagem e ao armazenamento das jazidas.

A exploração está relacionada com a quantidade e a qualidade dos recursos naturais, a disponibilidade de mão de obra, a segurança dos mercados, etc. O estatuto social e económico da população depende dos recursos naturais, da sua localização, quantidade e qualidade nas zonas rurais.

2.4. Factores que determinam a formação do potencial de recursos naturais

Historicamente, a zonagem, enquanto processo que tem lugar no território do país, deve ter em conta todos os factores, elementos e processos que ocorrem num determinado território. Estes factores afectam a economia, o planeamento urbano, os transportes, as infra-estruturas, a demografia e as estruturas. Cada território é um sistema constituído por elementos ligados por fronteiras regionais e que formam espaços fechados. Caracteriza-se por determinados factores que influenciaram o seu desenvolvimento (território) ao longo de diferentes períodos históricos. Os factores de desenvolvimento do potencial dos recursos naturais aplicáveis nas zonas rurais podem ser divididos em quatro grupos básicos:

- História: geodesia, sistemas urbanos, urbanização, ecologia, etc.

- Economia: integração socioeconómica e globalização, desenvolvimento do sector económico: primário, secundário, terciário e quaternário.

- Específicos: centros de consumo, explorações agrícolas e empresas de transformação, recursos de mão de obra, mercados e armazéns construídos.

- Recursos naturais: todos os tipos de combustíveis fósseis - recursos de alto e baixo carbono, bem como fontes de energia alternativas.

Os factores históricos estão principalmente ligados aos processos que se desenrolaram no país durante um determinado período. Os próprios processos, dependendo da sua forma de ação, desempenharam um papel essencial na formação de áreas e povoações. Na evolução histórica posterior, estão no centro da formação dos processos regionais. A evolução de uma aglomeração ou de uma região numa determinada fase histórica mostra a situação socioeconómica do território, bem como os diferentes indicadores: económicos, demográficos, sociais e ambientais. O fator demográfico é um dos elementos diretamente ligados ao funcionamento de uma região num contexto socioeconómico. O crescimento natural, quando positivo e em maior percentagem na faixa etária dos 16 aos 35 anos, é um estímulo importante para o desenvolvimento de cada região. Um fator demográfico negativo dificulta o desenvolvimento económico e o investimento, um processo de despovoamento e de urbanização. A rede de povoamento, no seu desenvolvimento social e económico, contribui para o desenvolvimento das regiões, criando espaços para o desenvolvimento de capacidades produtivas, centros económicos de negócios e formação de áreas residenciais. A construção e a manutenção de infra-estruturas sociais criam condições favoráveis à vida e ao desenvolvimento da atividade económica. Por outro lado, está diretamente envolvida no desenvolvimento dos processos de urbanização. A dimensão dos aglomerados populacionais de uma região afecta a infraestrutura social e económica global da zona. Surgem como núcleos centralizadores, atraindo investimentos, inovação e população.

Os factores económicos têm uma forte influência no desenvolvimento de uma região ou área como um todo, independentemente da sua situação política e social. A inovação em STP, a introdução de novas tecnologias, a divisão do trabalho, a localização da capacidade de produção, incluindo a indústria transformadora, os subsectores agrícolas e o desenvolvimento das actividades de transporte são alguns dos indicadores económicos que se encontram numa determinada região e que são objeto da investigação sobre o regionalismo. O objetivo da investigação sobre o desenvolvimento regional é identificar as diferenças entre as regiões (nomeadamente as zonas rurais) e superar as grandes disparidades económicas. Tirar o máximo partido dos recursos naturais da região.

Por sua vez, os factores específicos têm um impacto importante no desenvolvimento socioeconómico dos sectores rurais e agrários. Os centros de consumo são o local onde se realiza a produção. São eles que determinam os tipos de produção dos produtos agrícolas em função da estação do ano e da localização da zona rural em relação aos centros de consumo. A fraca portabilidade dos produtos agrícolas dificulta a sua distribuição, mas o desenvolvimento de novas tecnologias permite o seu armazenamento durante períodos mais longos. As empresas de transformação agroalimentar e as explorações agrícolas estão ao serviço dos produtores se elas próprias estiverem localizadas em zonas rurais. Esta localização permite uma transformação rápida das matérias-primas e uma redução dos custos de transporte. Este facto contribui para preservar a elevada qualidade dos produtos vegetais e animais. Estes sectores têm também um impacto social, proporcionando emprego nas zonas rurais e travando a urbanização. Os recursos de mão de obra são essenciais tanto para o próprio sector como a nível regional e nacional. São, por um lado, produtores e, por outro, compradores e consumidores. A produção de produtos vegetais e animais está intimamente ligada às tradições familiares da população rural. A compra de produtos rurais exige a construção de mercados, armazéns e entrepostos frigoríficos perto dos centros de produção.

O potencial dos recursos naturais ou das fontes de energia alternativas com baixo teor de carbono constitui uma perspetiva de desenvolvimento regional, tanto a nível económico como social. A disponibilidade de um recurso natural garante o desenvolvimento futuro de toda a região, além de estruturar e desenvolver a especialização e afetar a capacidade de produção. A natureza tem também um impacto importante na localização da produção e, indiretamente, na paragem da migração das populações. Os factores naturais sempre influenciaram o desenvolvimento socioeconómico das populações desde a formação da civilização humana. O papel dos recursos naturais no desenvolvimento de certas zonas, e em particular das zonas rurais da região Centro-Sul, depende não só da sua localização territorial, mas também da quantidade e da qualidade desses recursos. Um fator natural importante para a localização nas zonas rurais é a presença de água mineral, de florestas e de recursos terrestres. O seu impacto no desenvolvimento dos indicadores sociais e económicos de um município numa zona rural depende da sua concentração quantitativa e qualitativa e da especialização determinante da zona. [41] A utilização dos recursos naturais e a sua transformação subsequente são fundamentais para o desenvolvimento do estatuto económico.

[41] Marinov, P., Green Infrastructure in Rural Areas of the South Central Region, Coleção de Relatórios, Tom LIX, vol. 5 da Conferência Científica do Jubileu - Tradições e Desafios para a Educação Agrária, Ciência e Negócios, realizada em Plovdiv, Bulgária, em 29-30.10.2015, pp. 322-330.

Capítulo TRÊS **Componentes do potencial de recursos naturais nas zonas rurais da região Centro-Sud**

3.1 Formação geomorfológica da paisagem

O nome "Neogénico" foi introduzido por M. Hohrens em 1853. A origem do termo vem de "neo"-novo e "genesis"-origem (idade) e significa essencialmente novas formas no mundo dos organismos actuais. O período dura cerca de 25 milhões de anos e divide-se em dois grupos: o Pliocénico e o Miocénico. Estruturalmente, o mapa paleogeográfico dos continentes, cinturas móveis e bacias marítimas assemelha-se ao aspeto atual da Terra. Assiste-se a uma regressão progressiva, com a elevação dos continentes, o recuo das bacias hidrográficas e a formação dos contornos actuais.

Existe praticamente apenas uma cintura alpino-himalaiana, com pequenas áreas no interior da Cordilheira e na região da Ásia Oriental. Durante este período, os processos de dobragem alpina continuaram, formando as cadeias montanhosas dos Alpes e dos Himalaias, tal como existem atualmente. No final do Pliocénico, os movimentos de flexão enfraqueceram, mas os movimentos fracos começaram a descongelar.

O período Quaternário (era Neo-Aquariana) foi introduzido em 1829 por J. Denwaye, um período quaternário de 1,5 a 2 milhões de anos. A literatura científica considera que este é o último período da história da Terra, embora continue e continue no futuro. O período Quaternário divide-se em duas épocas: o Pleistoceno e o Holoceno. Este é um período importante na história geológica da Terra, na ciência e em termos práticos na civilização humana, razão pela qual constitui um ramo separado da geologia do Quaternário. Durante este período, ocorreram movimentos hesitantes na região continental, levando à formação do relevo moderno com pequenas alterações na configuração dos continentes. As bacias do Mediterrâneo, do Mar Negro e do Mar Cáspio adquiriram os contornos actuais.

No final do Plioceno (a Neo-Era, o período Neogénico), o hemisfério glaciar começou e continuou durante todo o período Quaternário. Nos planaltos da zona móvel Alpes-Himalaia, os glaciares desceram em direção aos vales de tipo alpino, aos Pirenéus, aos Alpes, aos Cárpatos e ao maciço de Rila-Rhodope.

O relevo moderno da Bulgária começou a formar-se durante a era neo-europeia, o fim do Negen e o início do período Quaternário. Caracteriza-se pela ativação das placas litosféricas euro-asiática e africana e pelo aparecimento da dobra Alpo-Himalaia, da qual faz parte o jovem sistema Stara Planina. No final do Pliocénico, os processos internos do maciço de Rila-Rhodope diminuíram e começaram a formar a paisagem moderna dos Rhodopes Ocidental e Oriental. Fazem parte das duas grandes morfo-estruturas que se encontram dentro dos limites da região Centro-Sul: os Balcãs a norte e o maciço de Rila-Rhodope a sul. De norte a sul do território da região, e em particular nos municípios rurais, existem partes distintas das regiões geomorfológicas: a cadeia montanhosa de Troyano-Kalofer, que faz parte das montanhas dos Balcãs Médios, os vales dos Balcãs com o vale de Karlovska, Sredna Sredna e Sarnena Gora, a parte ocidental da planície da Alta Trácia, os Rodopes Ocidentais e Orientais e as montanhas de Sakar.

Na Bulgária atual, os depósitos do Quaternário são continentais: gelo, grutas, dilúvios e formações prolácticas pouco profundas. Existem revelações deste tipo na placa de Mises (planície Danúbio-Loess). As formações glaciares são caraterísticas do maciço de Rila-Rhodope: cones de tornado em Assenovgrad; grutas nos Rhodopes ocidentais e orientais, grutas em Snezhanka, Ivanova Dupka, Ledenika, Hralupa, Uchla e muitas outras. Foi durante o período Holocénico da história geoquímica que se formou a paisagem moderna.

O relevo da região centro-sul é extremamente variado, abrangendo as partes médias das montanhas dos Balcãs, os Rodopes ocidentais e orientais, as montanhas médias e as montanhas de Sarnena e Sakar. Horizontalmente, dentro dos limites da região, encontramos o vale da Alta Trácia e os campos extra-balcânicos. A bacia hidrográfica do rio Maritsa é um dos factores que determinam o relevo da região e a diversidade da forma de Londres. A região de Smolyan situa-se inteiramente numa zona montanhosa, a região de Kardzhali, no leste de Rhodopes. Dois terços da região de Pazardzhik são montanhosos, e os distritos de Haskovo e Plovdiv situam-se na parte oriental da planície e das colinas do vale da Alta Trácia. O relevo tem um impacto significativo no clima, tanto em termos horizontais como verticais.

O relevo de coníferas da cordilheira de Troyan-Kalofer foi formado por processos e forças internas e externas durante vários eventos geocronológicos. O território desta parte do maciço de Stara Planina pertence à zona tectónica dos Balcãs Ocidentais, representada pelo Anticlinal dos Balcãs Centrais. É possível distinguir os pisos ou sub-bases dos complexos estruturais Baikal, Caledónio-Hércia e Alpino. As rochas mais antigas das montanhas Troyens-Kalofer foram depositadas na era Arcaica numa vasta zona geossinclinal e sofreram metamorfismo regional através de protozoários. No Paleozoico, formou-se um complexo diazóico-filóico num ambiente geossinclinal típico que, no final do ciclo de Bajkal, sofreu um metamorfismo regional. As partes centrais dos anticlinais são núcleos compostos principalmente por rochas paleozóicas, granitos e sienitos. Acima destes, encontra-se um complexo diazofilitoide de areias, margas e calcários do Triásico e do Jurássico. A elevação repetida da montanha levou à formação de quatro denudações. Os cones de nariz são comuns no lado sul.

Devido ao desenvolvimento do relevo a sul, a zona dos vales dos Balcãs, e em particular o vale de Karlovo, situa-se dentro dos limites do município de Karlovo. Têm uma forma elíptica, 37 km de comprimento, 2 a 15 km de largura e 450 m de altura. A oeste, o vale de Karlovo está separado da região de Zlatisko-Pirdop pelo cume de Koznitsa (1.785 m) e a leste pelo cume de Mezdnik (350 m acima do nível do mar), que por sua vez está separado do vale de Kazanlak. O fundo do vale é plano, com um ligeiro declive a sul e várias colinas graníticas isoladas a sudeste. O desenvolvimento morfotectónico dos vales do Zadbalkan está indissociavelmente ligado à formação morfogenética de Stara Planina e Srednogorie. A curvatura do seu nível miocénico jovem ao longo do paralelo e a formação do sinclinal longitudinal constituíram uma fase inicial da morfogénese e da previsão do oeste-leste. As encostas íngremes e a presença de cones e dunas densas e antigas testemunham o papel importante desempenhado pela reforma da falha do Zadbalkan no início do Quaternário ao longo da cerca de Stara Planina do vale do Zadbalkan. O leito rochoso dos vales é profundo e coberto por argilas e areias espessas do Pliocénico, sobrepostas por depósitos aluviais e deluviais do Quaternário. Este facto demonstra a existência de lagos no Plioceno. O vasto fundo plano do vale de Karlovo confirma o afundamento herdado, bem como a formação de ilhas intratáveis, condicionadas pela tectónica. De um modo geral, a área em torno da planície dos Balcãs e de Kazanlak não é exceção no que diz respeito à presença de movimentos activos modernos, como o levantamento e a subsidência periféricos, bem como um grau relativamente elevado de sismicidade.

Por ordem cronológica, as montanhas de Sredna Sredna Gora e Sarnena Gora situam-se a sul. A leste do rio Topolnitsa, até ao rio Stryama, situa-se a cadeia montanhosa Sashtinska Sredna Gora, que se prolonga para leste até ao curso superior do rio Tundzha, onde se situa Sarnena. A região de Srednogorie é constituída por dobras anticlinais com núcleos de metamorfismo paleozoico e paleozoico: gneisses, micasquistos, palmas, bem como granitos paleozóicos jovens. Estes últimos formam a totalidade do anticlíneo de Srednogorsk. Em termos petrográficos, a região é altamente complexa, reflectindo o período tectónico. A formação do geossinclinal de Srednogorsk como bacia profunda e retangular está ligada a um embasamento de rochas anopaleo e paleozoicas: gnaisses, granitos, formação diabaz-filishoide de micaschistos. Os sedimentos do Triássico, do Jurássico e do Baixo Cretense estão igualmente presentes. No perímetro do geossinclinal de Srednogorsk foram depositados aglomerados e calcários que, devido à atividade vulcânica ativa, formam o chamado cone sedimentar e vulcânico de toda a Sredna Gora. Há também tufos e andesitos de idade Senon. As formas de relevo caraterísticas são os rios de desnudação ao longo dos rios e desfiladeiros.

O vale da Alta Trácia estende-se entre a Floresta Média e a Floresta de Sarnena a norte, os Rhodopes a sul e o distrito oriental de Kraish. A sua fronteira meridional está claramente demarcada pelo sopé norte dos Rhodopes, desde o desfiladeiro de Motoliclisur até ao desfiladeiro de Harmanite do rio Maritsa. A periferia oriental do vale da Alta Trácia situa-se nas planícies e colinas da região de Tundja. Morfograficamente, o vale da Alta Trácia divide-se em partes ocidental e oriental, sendo a primeira o objeto do presente estudo. A parte ocidental do vale da Alta Trácia abrange o campo de Plovdiv-Pazardzhik. A fronteira ocidental do vale da Alta Trácia confina com a parte oriental de Krajishte, enquanto a fronteira meridional vai dos desfiladeiros de Mominho Klisura ao rio Maritsa, até ao maciço de Draganovo, no Rhodopes. A fronteira norte vai dos desfiladeiros de Motoclimsur até às alturas de Chirpan; a leste, alcança o vale do rio Tundja. O rio Maritsa corre de noroeste para sudeste ao longo de toda a região. Esta é a maior e mais conhecida planície da Bulgária, com 50 km de largura e 100 km de comprimento. A encosta está virada para leste, com uma altitude média de 168 m. Em termos geológicos e tectónicos, o vale da Alta Trácia é um grapple. O seu fundo profundamente afundado é uma das razões para o considerar uma trincheira tectónica ou o remanescente de uma rutura profunda. O graben da Trácia situa-se a oeste, entre as vertentes setentrionais dos Ródopes e o anticlinal de Srednogorsk. Os movimentos negativos prolongados levaram à formação de uma cobertura sedimentar irregular. É representada por conglomerados, arenitos, argilas, tufos e calcários de idade miocénica e pliocénica. A espessura varia de 300 a 500 m. Esta camada revela horizontes poderosos derivados de depósitos aluviais do rio Maritsa. As saliências quaternárias ultrapassam os 100 m ao longo do rio e dos seus afluentes. O leito rochoso é composto por rochas paleozóicas metamórficas e maciças: ardósias, dioritos, granodiritos e macacos vulcânicos, cobertos por sedimentos lacustres do Pliocénico e do Quaternário. O relevo do vale da Alta Trácia é ligeiramente dissecado e mal planeado, predominando a acumulação e a erosão. A deslocação horizontal é de 0-0,5 a 1-1,5 km/sq. ^{2}O desmembramento vertical é de 0 a 200 m/km , mas mais de 0 a 100 m acima do nível do mar. O declive de oeste-noroeste para leste-sudeste é formado pelo leito do rio Maritsa.

O território da Bulgária inclui a maior parte da complexa cadeia montanhosa de Rodopi (Rodopa). Morfograficamente, dentro dos limites da região, as duas grandes partes do Ocidente e do Oriente estão separadas.

Os Ródopes Ocidentais ocupam a parte central da região de Rila-Ródope. Os Ródopes Ocidentais são inteiramente montanhosos. A estrutura geológica dos Rhodopes Ocidentais pode ser dividida em dois níveis estruturais: o embasamento cristalino inferior e a superestrutura estrutural superior. O embasamento cristalino compreende um núcleo de granitos e granodioritos hercínicos e um manto de rochas metamórficas apaleozóicas e paleozóicas: micas, xistos, gneisses e mármores. O plutão granítico e granodiorítico foi colocado durante o início do Paleozoico, através do ciclo hercínico. Durante este período, formaram-se três anticlinais distintos: os Rodopes Setentrionais, os Rodopes Médios e os Rodopes Ocidentais. No início do período terciário, a ascensão dos anticlinais foi acompanhada pelo afundamento dos sinclinais e pelo enchimento das águas lacustres, que depois recuaram para as rochas sedimentares. O relevo atual dos Ródopes Ocidentais é formado pelo Quaternário do Negen. Houve várias elevações e, como resultado destes processos de reflorestação interna, formaram-se várias lesões relacionadas com a idade e sete terraços fluviais. Nas zonas de mármore, desenvolveram-se processos cársicos, formando diferentes formas de relevo: pântanos, corujas, grutas, gargantas e pontes rochosas. Os processos de lixiviação contribuíram para a formação de entalhes e agulhas nos reolitos. Cones, deslizamentos de terra, encostas e dunas também são caraterísticas do relevo.

Os Rhodopes Orientais compreendem a parte oriental do Massiv, caracterizada por um relevo comparativamente mais baixo, abaixo dos 1.500 m acima do nível do mar. Os limites dos Rhodopes Orientais fazem parte dos limites dos Rhodopes. Surge: a oeste, do vale do Kayaliyka até à fronteira estatal a leste, seguindo de perto o vale do rio Maritsa. A fronteira ocidental segue o curso dos maiores rios que se desenvolveram na periferia ocidental do declínio estrutural dos Rhodopes Orientais e inclui os rios: Kayalika, Borovetska, Golyama Arda, atingindo a crista hidrográfica dos Rhodopes, a sela Tri Stone Stone 550 m. O território inclui quase inteiramente o vale do rio Arda, com exceção das nascentes mais altas dos seus afluentes iniciais esquerdos (para a parte Mursalian e Prespa dos Rhodopes Ocidentais). A norte, a fronteira atinge o sopé da encosta norte e, a sul e a leste, a fronteira com a Grécia. Para além da grande colina amarela, há também a Strumeny Ridd Sorta, os cumes vizinhos de Gyumdortinski Snowdriver, Magnifica e as colinas circundantes a norte: Dragoyna, Mechkovets, Chukata e Forest. Ortograficamente, os Ródopes Orientais estão divididos em três partes, compreendendo as seguintes cordilheiras Ardini; Varbishko-Krumovishki; Maglenishki. De norte para sul, verifica-se um certo aumento de altitude. Ao longo do rio Arda, formaram-se vales separados por gargantas profundas: Studen Kladenets, Madjarovski, Kamenduleski. A estrutura geológica dos Rhodopes, incluindo os Rhodopes Orientais, revela dois níveis estruturais nitidamente diferentes: o embasamento cristalino inferior e a superestrutura superior. O embasamento cristalino é constituído por um núcleo, representado pelos granitos e granodioritos da Herzegovina, e por um manto, composto por rochas paleozóicas e rochas metamórficas paleozóicas: micasquistos, anfibolitos, gneisses e mármores talismânicos. A superestrutura estrutural é representada por sedimentos marinhos e lacustres do Paleogénico, associados a reolitos, andesitos, tufos e tufos, formando um complexo vulcanogénico-sedimentar. Em termos tectónicos, esta zona é representada pela ereção arcana dos Ródopes Orientais (eflorescência dos Ródopes Orientais) e pelo declínio estrutural dos Ródopes

Orientais. A eflorescência dos Ródopes Orientais é representada por metamorfitos e ardósias do Apopaeozóico e do Paleozoico, enquanto o declínio estrutural dos Ródopes Orientais consiste num complexo sedimentar que, na área da marcha de Haskovo, é coberto por sedimentos do Pliocénico e depósitos do Quaternário.

Sakar é uma montanha fronteiriça abobadada situada na parte sudeste da região, entre os rios Maritsa, Tundja, Sokolitsa e Suzlijka. A paisagem é predominantemente montanhosa, com cumes arredondados. O ponto mais alto é o pico de Visegrad (856 m) e o mais baixo é a cascata de Tokul dere (45 m). Trata-se de uma cúpula montanhosa maciça e solitária, com 40 km de comprimento e 15-20 km de largura, que está ligada às colinas do mosteiro a norte. Do ponto de vista tectónico, as montanhas Sakar, Svetiil, Monastery e Derven fazem parte do anticlíneo Strandzha. Em termos rochosos, a zona é a transição entre metamorfitos petrográficos (caraterísticos das regiões vizinhas) e apaleogénicos e paleozóicos (típicos das estruturas do maciço de Rhodope) e sedimentos mesozóicos e metamórficos (típicos de Strandja), bem como depósitos quaternários ligados aos vales da Alta Trácia e de Bourgas. Sakar é uma montanha baixa, remanescente de uma massa terrestre muito antiga, com um contorno bem arredondado e encostas suaves, desmembradas e escalonadas, cortadas por uma rede bastante densa de rios. Como estrutura morfológica, Sakar herdou um curto anticlíneo de tendência noroeste-sudeste, delimitado por passagens e constituído por granada do Sul da Bulgária e xistos cristalinos fortemente triturados. [42]Na periferia, sobretudo a sudoeste, os calcários e as areias do Triássico e do Jurássico revelam-se em vastos espaços abertos.

3.2. Avaliação da ajuda económica

A utilização e exploração dos recursos naturais é uma das principais actividades humanas na sociedade moderna. O relevo é considerado parte da categoria natural sobre a qual se desenvolve a atividade económica da sociedade. Tem um impacto significativo na localização dos sectores económicos e dos recursos minerais. Existem várias metodologias para a seleção dos indicadores a aplicar na avaliação económica dos relevos. Os estudos efectuados neste domínio mostram que a abordagem diferenciada é a mais adequada. A sua aplicação depende das especificidades das decisões de execução. Normalmente, a deslocação vertical e horizontal do relevo, os declives das encostas, a altitude têm uma importância preponderante no desenvolvimento do território em termos económicos e empresariais. Do ponto de vista da quantificação das caraterísticas dominantes do relevo no território da região Centro-Sud, existem cinco tipos básicos de relevo

Podem distinguir-se várias regiões de importância regional: planície - planície da Alta

---

[42] BAS. Geografia da Bulgária. S., Publicação Académica, Prof. M. Drinov, 1997.

Trácia; plana - montanhosa, incluindo o vale de Karlovo, Medina e Sarnena Gora; planície com os rodopes orientais e as montanhas de Sakar; Balcãs Centrais - rodopes ocidentais e terras altas - a parte Troyan-Kalofer das montanhas dos Balcãs Centrais e as partes altas dos rodopes ocidentais.

[2]Quadro 2 Distribuição vertical do território em km e em m. acima do nível do mar

Zona	Área de superfície km2		medida	0-200	200-600	600-1000	1000-1600	над 1600
Zonas rurais da região Centro-Sud	18219,54	todos	km2	4235,68	9738,63	3318,21	4203,89	868,58
			%	23,25%	53,45%	18,21%	23,07%	4,77%
		Zonas rurais	km2	2832,51	7854,60	3318,19	3344,84	868,50
			%	15,55%	43,11%	18,21%	18,36%	4,77%
Zonas rurais da região de Kardzhali	2631,26	todos	km2	67,33	2414,12	702,11	22,44	0,00
			%	2,10	75,30	21,90	0,70	0,00
		Zonas rurais	km2	67,33	1839,00	702,11	22,44	0,00
			%	2,56	69,89	26,68	0,85	0,00
Zonas rurais da região de Pazardzhik	3822,28	todos	km2.	98,10	1685,50	847,21	1382,29	445,90
			%	2,20	37,80	19,00	31,00	10,00
		Zonas rurais	km2	98,10	1048,00	847,20	1382,30	445,90
			%	2,57	27,42	22,16	36,16	11,67
Zonas rurais da região de Plovdiv	5204,63	todos	km2	1642,30	2514,21	859,97	836,08	119,44
			%	27,50	42,10	14,40	14,00	2,00
		Zonas rurais	km2.	1546,48	1842,80	860,00	836,10	119,40
			%	29,71	35,41	16,52	16,06	2,29
Zonas rurais da região de Smolyan	2333,37	todos	km2	3,19	102,14	820,34	1963,08	303,24
			%	0,10	3,20	25,70	61,50	9,50
		Zonas rurais	km2	3,20	102,10	820,30	1104,00	303,20
			%	0,14	4,38	35,16	47,31	12,99
Zonas rurais da região de Haskovo	4228,00	todos	km2	2424,77	3022,66	88,58	0,00	0,00
			%	43,80	54,60	1,60	0,00	0,00
		Zonas rurais	km2	1117,40	3022,70	88,58	0,00	0,00
			%	26,43	71,49	2,09	0,00	0,00

Informações do INS e cálculos do autor

A tabela 2 mostra a altitude das zonas rurais por distrito na região Centro-Sul, ou seja, 1.600 m acima do nível do mar. A exploração e a análise do relevo no sentido vertical permitem ter uma ideia das actividades comerciais que podem ser desenvolvidas em determinadas áreas das zonas rurais em função da altitude. A consideração do relevo em termos verticais está ligada ao desenvolvimento económico, social, ambiental e infraestrutural da região no seu conjunto. As cinco maiores áreas da região têm altitudes entre 200 e 600 metros acima do nível do mar, com exceção da região de Smolyan, onde mais de 80% da área é montanhosa. Os distritos de Kardzhali e Haskovo situam-se verticalmente na zona de planície e de relevo montanhoso, tendo o primeiro uma percentagem mínima de relevo na zona montanhosa. Na região de Pazardzhik, a maior percentagem é constituída por áreas entre 600 e 1.600 metros acima do nível do mar. A região de Plovdiv e as zonas rurais adjacentes situam-se no limite dos 200-600 m acima do nível do mar.

3. 3. Localização dos recursos minerais com baixo e alto teor de carbono

Os minerais úteis são formações minerais formadas no ventre da terra durante as várias etapas geológicas do desenvolvimento do planeta. As fontes de energia do país encontram-se nos três estados agregados. São os combustíveis fósseis: petróleo, gás natural, carvão, minérios metálicos ferrosos e não ferrosos, minérios de urânio e minérios não ferrosos. Representam mais de 75% dos custos totais de produção dos produtos industriais. Nestas condições, todas as partes devem garantir o abastecimento dos recursos naturais necessários ao funcionamento dos sectores económicos. Este aprovisionamento é determinado pelas caraterísticas quantitativas e qualitativas e pelas condições de rendimento.

• A avaliação qualitativa é determinada por indicadores específicos para cada tipo de mineral. Mostra e determina a possibilidade da sua utilização nas esferas da economia, a sua transportabilidade, a eficiência económica do seu processamento, bem como o seu impacto na extração e no ambiente. O desempenho técnico e económico da produção depende, em grande medida, da qualidade dos recursos naturais utilizados.

• A avaliação quantitativa dos recursos naturais consiste principalmente na avaliação das existências de matérias-primas para utilização industrial. Na quantificação dos depósitos minerais naturais, é necessário ter em conta não só a quantidade total de uma espécie, mas também as suas reservas durante um longo período.

Запасите на полезните изкопаеми се делят на три групи: промишлени, балансови и геоложки :

• As existências industriais são as que são objeto de uma investigação aprofundada em termos de quantidade e de qualidade e que são susceptíveis de serem utilizadas nas condições comerciais modernas.

• As unidades populacionais de equilíbrio são as aprovadas pela Comissão Estatal das Unidades populacionais.

• As reservas geológicas são todas de carácter industrial e foram provavelmente exploradas por geólogos, mas não de forma precisa.

O carvão da região faz parte da bacia do Maritsa Oriental, situada entre vários municípios: Galabovo, Radnevo e Dimitrovgrad, este último pertencente à região Centro-Sul, mas que não se insere na categoria das zonas rurais. No entanto, estes minerais são de grande importância para a atividade económica da região. O carvão da bacia de Maritsa Oriental é lenhite e formou-se na neozona durante o período terciário. O carvão de lenhite possui as maiores reservas, mas tem um baixo poder calorífico de 1200-1500 Kcal/kg. É rica em cinzas e enxofre. Este tipo de qualidade caraterística torna-o economicamente inviável para o transporte a longa distância, ou seja, é pouco transportável, pelo que esta "qualidade" determina o tratamento a efetuar num local próximo do rendimento. A lenhite é extraída da bacia de Maritsa Oriental através de um "método aberto". Existem cerca de quinze bacias de lenhite no país, mas o carvão da bacia de East Maritsa é o mais importante para a Bulgária e a região.

No que diz respeito às caraterísticas qualitativas, o carvão da bacia do Maritsa Oriental é castanho e lenhítico, macio, com baixa carbonização da massa orgânica, um elevado teor de cinzas de 16% a 45% e um teor de humidade de 50% a 60%. Em função da sua utilização, dividem-se em duas classes:

- Energia com um teor de cinzas de 25% a 45%, um valor calorífico médio de 1550 Kcal/kg e um teor de enxofre de 2,4%.
- Briquetes com um teor de cinzas de 16-25%, um valor calorífico médio de 1750 Kcal/kg e um teor de enxofre no combustível de 1,95%.

As reservas e recursos de lenhite na bacia oriental de Maritsa em 01.01.2014 ascendiam a 2074009700 t., com reservas comprovadas na (categoria 111)-968973700 t. e reservas prováveis na (categoria 121)-660049400 t. A distribuição das reservas e dos recursos geológicos nos campos de minas é a seguinte: "Rudnick, Troyanovo-1" 383561100 t. localidade "Rudnick, Troyanovo-Nord" 116720480 t. e localidade "Rudnick, Troyanovo-3" 623243000 t. [3]Desde o início das operações até 2011, inclusive, foram extraídas 982894708 toneladas de carvão e foram efectuados trabalhos de desmantelamento no valor de 4115819135 m. A capacidade instalada da empresa é de 35 milhões de toneladas de carvão por ano.

Os depósitos *de cobre e ouro* da Bulgária estão localizados nas regiões de Etropole, Panagyursko, Bourgas e Vratsa. Os minérios de cobre são de grande importância para o desenvolvimento da metalurgia não ferrosa no país, bem como para a economia em geral. O seu teor de metal é baixo, variando entre 0,5% e 2%. Os principais depósitos situam-se nas montanhas dos Balcãs: a localidade "Ellatzite", em Etropole, a mina "Plakalnitza" (Vratsa) e em Chiprovtsi, na Srednogorie: Localidade de "Medet", localidade de "Assarel", mina de "Radka", localidade de "Tzar Asen", Foi extraído menos minério de cobre em Bourgas: A área mineira de Panagurur tem um stock total de 380844,5 mil toneladas, das quais, em 2004,

344118,2 mil toneladas estão no campo de Assarel.

Os depósitos *de pirite, cobre-pirite e cobre polimetálico* estão localizados em Radka e Elshitsa, enquanto os depósitos de molibdénio e cobre estão localizados em Medet e Assarel (município de Panagyurishte).

O complexo mineiro e de transformação de Assarel-Medet é uma empresa de extração e beneficiação de minério de cobre, que fornece, em média, mais de 50% da produção nacional. A extração de minério começou em 1964 e o principal concessionário é o município de Panagyurishte e a Assarel-Medet JSC. Exploração do campo de resíduos de Assarel, lote NQR n.º D-00609, tipo de tesouro subterrâneo: minério de cobre e ouro, vida útil de 15 anos. A mina de Elatzite é uma das maiores minas a céu aberto da Bulgária e o maior produtor de concentrado de cobre e ouro do país. A extração de minério começou em 1983 e a exploração está programada para continuar até 2021. A Asarel-Medet JSC processa anualmente cerca de 13 milhões de toneladas de minério de cobre e produz e fornece concentrados de cobre e cátodos de cobre de alta qualidade para o país e para o estrangeiro. O segundo maior concessionário é a Iontech OOD, no campo de Ivan Assen (Pazardjik) Tipo de recurso subterrâneo: extração de minério de cobre, período de concessão de 20 anos.

Os *minérios de cobre-pirite e de ouro* estão localizados no município de Panagyurishte, Assarel, e referem-se ao grupo de minerais úteis.

Os depósitos *de minério de chumbo-zinco, com* cerca de 150 milhões de toneladas de existências, estão concentrados nos Rhodopes Orientais, com 70% das existências concentradas nas zonas rurais dos municípios de Lucky, Rudozem, Zlatograd e Erma River. As reservas de minério de chumbo-zinco são de 18% na região de Sredna Gora e de 8% nas montanhas dos Balcãs. Existem cerca de 46 localidades nos Rhodopes, e a sua origem está ligada à atividade vulcânica do Oligoceno. As variedades de minério são a pirite, a galena, a esfalerite, etc., com um teor de metal, chumbo e zinco de 35%. Em 31 de dezembro de 2014, havia doze concessionárias e doze depósitos de minérios de chumbo e zinco localizados em nove municípios no território das áreas rurais da região: município de Madan - depósito Varba-Batantsi com concessionária VarbaBatantsi AD Na cidade de Zlatograd № D-00608, localidade de Mersian, Mersian-North, com concessionária Minstroy Holding AD, Sofia D-00254. Localidade de Petrovitsa com o concessionário "Gorubso-Madan" JSC Madan № D-00140. Depósito "Krushov dol" com o concessionário "Gorubso-Madan" JSC Madan № D-00141. Município de Lucky, depósito "Durgakovo" com o concessionário "Lucky Invest" JSC Lucky № D00384; depósito "Khan Asparuh" (zona Cheroka №6) com o concessionário "Gorubso-Lucky" JSC Lucky № D-00086. Depósito "Govedarnika-Druzhba" com o concessionário "Gorubso-Lucky" JSC Lucky № D-00085. Município de Rudozem - jazigo "Dimov dol" com o concessionário Rudmethal AD Rudozem № D-00186. Município de Zlatograd - jazigo "Gudyrska u South Petrovitsa" com o concessionário Minstroy Holding AD, Sofia, D00382.

Jazigo "Andro-Shumachevsi Dol" com o concessionário Minstroy Holding AD, Sófia, D-00280. Campo de Mersian, Mersian-Norte, com o concessionário Minstroy Holding AD, Sófia № D-00254. Jazigo de Petrovitsa com o concessionário "Gorubso-Madan" JSC Madan № D-00140. Jazigo de "Krushov dol" com o concessionário "Gorubso-Madan" JSC Madan № D-00141. Nas zonas rurais de Kirkovo, Krumovgrad e Momchilgrad (distrito de Kardzhali) existem depósitos de minérios de chumbo-zinco no depósito "Pchelojad", cujo concessionário é Gorubso-Kurdjali JSC Kardjali № D-00077, e no campo de Enyovce, que serve as zonas rurais de Ardino, Madan e Nedelino, cujo concessionário é Gorubso-Kurdjali AD, Kardjali № D-00076.

Os minérios de chumbo-zinco e de ouro são objeto de uma concessão mineira no distrito de Haskovo, município de Mineralni bani, no depósito de Chala, com o concessionário Gorubso-Kurdjali AD, Kardzhali № D-00075.

Os minérios de ouro estão localizados no município de Krumovgrad (distrito de Kardzhali) com depósitos: Khan Krum, Ada tepe, Kupel, Kuklitsa, Skalak, Zona Sinap e na aldeia de Chelopech Panagyurishte Município № D-00610 localidade "Sarnak" com o concessionário "Balkan Mineral and Mining" EAD.

Os minérios de tungsténio encontram-se no território do distrito de Pazardjik do município de Velingrad no depósito Grancharitsa Center com a concessão Resurs-1 AD Plovdiv nº D-00538.

Os minerais não metálicos estão ligados ao desenvolvimento geológico e mineral de um determinado território. Existem mais de 60 tipos de minerais não metálicos na Bulgária, 35 dos quais são utilizados em sectores económicos, 25 espécies (42% da diversidade de espécies) estão presentes na região e uma grande parte da localidade está situada em zonas rurais.

Encontram-se depósitos *de mármore* nos municípios de Stamboliyski e Krichim, nas localidades de Kurtovo Konare, Ardino perto de Dyadovtsi, Rodopi perto de Belashtitsa, Svilengrad, Lissovo, Ivaylovgrad, bem como na localidade da "fonte de Kolibar", (Haskovo e Dimitrovgrad com os municípios de Klokotnitsa, Dimitrovgrad perto da aldeia de Krepost), a gruta de Gergyovitsa, (município de Pazardjik perto da localidade "Ognyanovo" e da localidade "Ognyanovo-77") e o município de Rodopi em Belashtitsa.

A região possui *mármore dolomítico, uma* matéria-prima para materiais de construção, na localidade de "Dusma cheshma", nos municípios de Dimitrovgrad e Topolovgrad, perto de Melnitsa.

Os depósitos *de mármore fino* estão situados no município de Ivaylovgrad, na localidade de "Order Stones".

Os depósitos de calcário *encontram-se* nos municípios de Rakovski perto de

Shishmantsil e Shishmantsi2 em Panagyurishte e Strelcha com Luda Yana, Dimitrovgrad Velikan, "Perjanka", "Kareshlika", "Yurt dere" e "Durhana").

Os depósitos de *areia e gravilha* estão localizados nos municípios de Parvomay, Três Fontes, Pazardzhik perto de Iztok, Topolovgrad em Humni Dol, a norte e a sul, Kaloyanovo nas povoações de "Stryama1" e "Stryama2", Momchilgrad na povoação de "Sushevo", Município de Assenovgrad nas localidades de "Chiflika" e "Jakov Chiflik", Banite "Kanarata", Septemvri nas localidades de "Elle Dere" e "Gradishte2", Kaloyanovo em Dolna mahala e Indjova willba, Stambolovo em Dolno Cherkovishte, Sadovo em Akhmatovo e Município de Rodopi em Orizare.

As localidades *gnaizoshitsi* situam-se nos municípios de Ivailovgrad sob as localidades de "Yankova cheshma", "Cheshma", "Vodenitsata", "Kazarmata", "Melnikata", "Kamani", "Gabra-nord", "Chatala" e "Factoryl" e de Simeonovgrad sob Raynovo.

As jazidas *de gnaisse situam-se* no município de Ivailovgrad, nas regiões de Jelezino, Antimovo 2, Kobilino, Bahirkite, Nurmus, Fábrica 4, Fábrica 2 e Corumale.

Encontram-se depósitos *de lastro* nos municípios de Asenovgrad, Kavaklakka, Pazardzhik em Loznitsa1 e Loznitsa2, Lesichovo em Kara dere, Stamboliyski e Rodopi com um "Uzunpara" comum e no município de Parvomay com um "Ada-West".

No território do município de Harmanli existe um *conjunto de* recursos subterrâneos - materiais industriais, granito Alexandrovski na localidade de Izvorovo.

Os Andesitobasalti encontram-se no município de Momchilgrad, em Middandi e Bozawa.

Os *campos de andesite* situam-se nos municípios de Haskovo em Zyrmnicka e Kirkovo em Assara.

As argilas bentoníticas só são encontradas no município de Kardzhali, nas localidades de "Protest-Volunteer" e "Enchec".

Os *vulcanesefisitos "oligogénicos"* situam-se no município de Stambolovo, perto da cidade de Ovavra, a norte e a sul.

Os *dolomitos* encontram-se em dois municípios das zonas rurais do centro-sul da região de Panagyurishte: Stoljuva chakara e Belovo, e Malak Gaitanovets.

As zonas de *calcário organogénico* encontram-se apenas no município de Stambolovo (distrito de Haskovo), perto das povoações de Beekeepers, West e East.

Os Talkoshistas reúnem-se no município de Harmanli (distrito de Haskovo), perto do município de Ovcharovo.

Os *limites do biface* estão localizados no município de Ivaylovgrad, num local chamado "Stoned Stones".

Os depósitos *de argila* estão situados nos municípios de Kuklen, perto de Bataka, e Dimitrovgrad, localidade "Durhana-Glini".

Os depósitos *clinoptilolitiozeolíticos* ocorreram no município de Kardjali nas estações de Anel Tepe e Beli Plast.

Os campos de arenitos argilosos quartzo-feldspáticos encontram-se nos municípios de Stambolovo, perto de "Keremidkite", e de Topolovgrad, nas localidades de "Kanarata-West" e "Kanarata".

Os *pegmatitos* ocorreram no município de Strelcha, perto da localidade de "Strelcha-Merata".

O *quartzo* encontra-se no município de Harmanli, perto da montanha Sakar e da aldeia de Bogomil.

Os depósitos *de reolite* estão localizados nos municípios de Rudozem perto de Vitina2 e Pazardjik em "Kazanite1" e "Kazanite2".

Tufitis situa-se no município de Kardjali, perto da aldeia de Kapaklak.

Felshpat situa-se no município de Topolovgrad, perto da cidade de Ustrem.

Os *oligomitos* estão localizados no município de Stambolovo, perto da cidade de Kusa.

A *perlite* encontra-se na comuna de Dzhebel, perto da localidade de Broken Mountain.

Existe outro recurso natural na região, pertencente ao grupo dos minerais não metálicos: *a zeólita*, localizada nos Rhodopes Orientais. [43]Este será um recurso importante no futuro, tal como acontece na Bulgária.

3.4. Condições e caraterísticas climáticas

Com base numa circulação diferente do ar atmosférico, que determina as diferentes zonas climáticas do continente europeu, o território da Bulgária situa-se entre duas grandes zonas climáticas: a subtropical e a médio-continental. A região centro-sul e as suas zonas rurais estão situadas em três sub-regiões climáticas continentais: a sub-região climática continental média, a sub-região climática de transição e a sub-região climática continental-mediterrânica.

Em direção aos subúrbios temperados da região climática de baixa montanha dos Balcãs. A área abrange as partes inferiores das encostas meridionais das montanhas dos Balcãs, a leste da cordilheira de Koznitsa, as partes inferiores das encostas orientais e meridionais da montanha de Sredna Gora e as montanhas de Sarnena Gora. O terreno é predominantemente montanhoso, com declives acentuados entre 500 e 100 m acima do nível do mar e, nas partes

---

[43] No meu próximo trabalho, prestarei mais atenção a este fenómeno natural.

orientais, entre 300 e 800 m acima do nível do mar. O clima desta região é relativamente mais ameno do que o da região climática dos pré-Balcãs, sensivelmente à mesma altitude. As temperaturas médias em janeiro na região variam entre 0 e 1,5°C. A predominância de terrenos inclinados impede temperaturas mínimas muito baixas. A precipitação no inverno é baixa, mas mais elevada do que na região dos Pré-Balcãs. Cerca de 50% da precipitação é sob a forma de chuva, o que explica o menor tempo de retenção do manto de neve. O verão é relativamente fresco. As temperaturas médias mensais em julho situam-se entre os 17 e os 21°C. A parte oriental da região é relativamente mais quente. A precipitação estival na região é da ordem dos 150 a 270 mm. A precipitação anual é inferior à da região dos Pré-Balcãs, mas superior à da planície da Trácia. As zonas orientais caracterizam-se por uma pluviosidade relativamente mais baixa.

Existem três regiões climáticas na zona climática transcontinental: a região climática da Bulgária Centro-Leste, a região climática da Rodânia do Norte e a região climática de montanha.

A região climática centro-leste da Bulgária abrange a maior parte das terras baixas dos rios Maritsa e Tundja e, a sudeste, faz fronteira com a zona climática mediterrânica continental. A região caracteriza-se por um terreno relativamente homogéneo, com uma altitude entre 150 e 200 metros. Só na metade oriental é que o terreno plano é pontuado por numerosas colinas, das quais as mais importantes são as de Bakurdjii, as do mosteiro e as de Svetiiliy (400-500 m). O inverno nesta região é relativamente ameno, com uma temperatura média em janeiro de cerca de 0°C e aquecimentos relativamente frequentes. Em janeiro, há em média 15 a 17 dias com uma temperatura média diária positiva. As condições térmicas de inverno são largamente influenciadas pela localização de Stara Planina, que actua como uma barreira contra as invasões de frio vindas do norte. Por esta razão, a cobertura de neve é mais instável do que no norte da Bulgária, durante 20 a 30 dias. Nas regiões orientais, o inverno é ainda mais ameno, com uma duração de apenas 15 a 25 dias. A precipitação no inverno é, em média, de 100-150 mm, dos quais 25-30% são neve. O verão nas zonas ocidentais da região é ligeiramente mais quente do que no norte da Bulgária Central. No entanto, nas zonas orientais, as temperaturas de verão são ligeiramente mais baixas. A temperatura média em julho é de cerca de 23°C nas zonas ocidentais e entre 21 e 22°C nas zonas orientais. O número de dias com temperaturas médias diárias superiores a 25°C é de 20 nas zonas ocidentais e de cerca de 15 nas zonas orientais. Nas partes setentrionais da região de Sredna Gora, a precipitação estival excede a precipitação invernal em cerca de 10% da precipitação anual, ao passo que nas partes oriental e meridional é quase igual.

A zona climática dos Ródopes do Norte abrange as colinas e as montanhas baixas das encostas norte dos Ródopes. A altitude desta zona varia entre 300 e 1000 m. A considerável inclinação do terreno cria condições térmicas semelhantes às da região dos Balcãs. O inverno é relativamente ameno, com uma cobertura de neve mais resistente nas partes mais altas da região. Uma caraterística particular do clima desta região é o efeito de fenómeno (vento local) durante os meses de inverno. Em janeiro, a temperatura média varia entre 0° e -10°.

l. 5°C. As temperaturas mínimas são, em média, de 14-15°C e a precipitação no inverno ronda os 110-150 mm. O verão é relativamente mais fresco do que nas terras baixas vizinhas. A temperatura média em julho é de 17-18°C nas terras altas e até 22-23°C nas terras baixas. Apesar da localização da região a sul, o padrão de precipitação mantém a sua natureza continental, com um máximo no verão. [41]Nalguns locais, a diferença entre a precipitação de inverno e a de verão atinge 15-18% do valor anual.

Na região climática de montanha, as várias zonas acima dos 1000 metros são as montanhas de Rila (excluindo as encostas norte e sul) e os Rhodopes (excluindo as encostas sudoeste e sudeste). As condições térmicas são aqui determinadas principalmente pela altitude. Nas partes mais baixas da região, a 1000 m acima do nível do mar, as temperaturas médias em janeiro rondam os 2-3°C, e nas partes mais altas descem para 6-7°C abaixo de zero. E aqui, tal como noutras regiões montanhosas, devido à predominância de terrenos inclinados, as temperaturas mínimas absolutas não são tão baixas como nos vales e dales vizinhos. O inverno caracteriza-se pela persistência de temperaturas negativas, o que leva à formação de uma camada de neve estável. Nas partes baixas da região, a média situa-se entre 80 e 100 dias e, nas partes altas, entre 200 e 250 dias. As somas sazonais de precipitação nesta sub-região são muito baixas. A diferença entre a precipitação sazonal máxima e mínima é de cerca de 5-6% do valor anual. Trata-se de um indicador claro do carácter transitório do clima, apesar da altitude elevada. Outra caraterística do clima da região é a frequência relativamente elevada de ventos fortes, com o "vento dos ventos" a variar muito consoante o local. Devido à rápida mudança das condições climáticas com a altitude, a região pode ser dividida em duas partes: o clima médio a 2000 m de altitude, relativamente quente e menos chuvoso, e o clima alpino, a altitudes superiores a 2000 m, caracterizado por temperaturas mais baixas, precipitação e neve significativamente mais elevadas.

Três zonas climáticas fazem parte da zona climática continental-mediterrânica da região Centro-Sul.

A região climática dos Rodopes Orientais e dos Vales Fluviais abrange os vales fluviais dos Rodopes Orientais e as colinas baixas entre eles. Altitude média entre 400 e 1000 m A leste desta zona situa-se o vale do rio Maritsa, a leste do rio Harmanliyska. Em comparação com os vales dos rios Struma e Mesta, esta zona está muito menos protegida da infestação pelo frio, embora esteja mais próxima do Mar Egeu. A altitude é de 50 m acima do nível do mar em Svilengrad e atinge até 400 m acima do nível do mar ao longo das colinas orientais de Rhodope. O inverno na região do vale do rio Rhodope é ameno. As temperaturas médias de janeiro em toda a região são positivas, com temperaturas frias que variam entre 1 e 1,5°C nas encostas onde o ar frio circula. Em janeiro, há cerca de 17-18 dias na região com temperaturas médias superiores a 0° (a maioria dos meses de inverno). No contexto destas condições invernais amenas, surgem constipações excessivas. Nestas situações, observam-se por vezes temperaturas baixas nas zonas mais baixas da região, até 24-26°C abaixo de zero (inversão térmica). Durante o inverno, a metade norte e o vale do rio Maritsa recebem cerca de 150-180 mm de precipitação, enquanto a parte sul recebe cerca de 200 mm. O inverno não é apenas o período em que a precipitação é mais elevada, mas no início do inverno e no final do outono, a precipitação é mais rentável nesta região. Devido à localização meridional da região, a maior parte da precipitação é chuva, o que, por vezes, conduz a uma subida catastrófica das águas do rio Arda. As primeiras quedas de neve que formam a primeira camada de neve observam-se em meados de dezembro. A cobertura de neve é de curta duração, com uma média de 8 a 10 dias. O verão é seco, soalheiro e quente. As temperaturas médias em julho situam-se entre 23 e 25°C. Em condições de ar quente, as temperaturas do ar podem ultrapassar os 42°C. Durante o verão, caem apenas 110-130 mm de chuva. [42]O padrão anual de precipitação em torno do rio Maritsa é de 550-600 mm, sendo o restante de 650-700 mm.

A região climática de baixa montanha dos Rodopes Orientais abrange o sistema de cumeadas na bacia hidrográfica do rio Arda, mas sem a parte que, devido à altitude, é atribuída à zona montanhosa. A altitude nesta região varia entre 400 e 1000 m. Devido à sua maior altitude, a zona climática dos Ródopes Orientais tem um inverno mais frio do que o vale adjacente. A temperatura média em janeiro varia de 1,5°C a 0,5°C nas partes mais baixas. Ao mesmo tempo, as temperaturas mínimas absolutas são mais elevadas do que nos vales. Podemos assumir que as temperaturas mínimas absolutas médias para as diferentes partes da região variam entre 13 e 17°C abaixo de zero. Os padrões de precipitação são largamente determinados pela altitude, com precipitação de inverno de cerca de 200 mm, e a altitudes mais elevadas de cerca de 300 mm. Devido à altitude, a região recebe mais neve, com cerca de 50% da precipitação nas zonas altas. A cobertura de neve começa cerca de 10 a 15 dias antes e dura 10 a 20 dias. Nas zonas mais altas da região, o período entre a primeira e a última camada de neve é de cerca de 55 a 65 dias. O verão nas zonas mais altas da região é moderadamente quente, com temperaturas médias em julho de cerca de 17-18°C. Durante a estação estival, dependendo da altitude, a precipitação varia entre 16 e 240 mm, sendo a primeira metade do verão mais húmida do que a segunda. [43]A precipitação anual da região situa-se entre 700 e

1000 mm.

A zona climática Brannish-Dervenian abrange as montanhas Brannitsa, as alturas de Derven e o vale do rio Tundja, a sul da foz do rio Popov. O terreno é essencialmente montanhoso ou semi-montanhoso, com altitudes que variam entre 100 e 600 mm. As condições de temperatura são semelhantes às da região de Tundzha, no centro-leste da Bulgária. São largamente influenciadas pela altitude e pelo relevo. Em janeiro, as temperaturas variam entre 0,5 e 1,0°C, com valores mínimos mais elevados do que nas partes mais baixas das regiões adjacentes. A primeira camada de neve forma-se geralmente no final da primeira dékada de dezembro e derrete no início da segunda dékada de março. No inverno, os ventos do norte e do nordeste dominam a região. A precipitação no inverno é de cerca de 150-190 mm, com uma média de 40-50% de neve. O período selvagem decorre principalmente entre novembro e dezembro. Em meados do outono, é possível a ocorrência de chuvas fortes, com precipitações diurnas superiores a 100 mm. O verão é soalheiro, seco e muito quente. A temperatura média em julho é de cerca de 23°C. Nos dias quentes de verão, as temperaturas máximas ultrapassam os 38-39°C. Nas zonas mais altas da região, as temperaturas de verão são mais baixas, com a temperatura média de julho a atingir os 20-21°C. A precipitação estival situa-se entre 120 e 160 mm. Durante a segunda metade do verão e o início do outono, regista-se uma seca severa. A precipitação anual situa-se entre 560 e 680 mm, com um total de 60 a 70 dias de chuva.

Quadro 3 Medições meteorológicas da temperatura média anual, precipitação e cobertura de neve durante um período de 30 anos para a região 1983-2012.

Estações meteorológicas distritais	Temperatura média anual do ar C			Precipitação em mm			Cobertura de neve (número médio de dias)		
	Período em anos			Período em anos			Período em anos		
	1983 1992	1993 2002	20032012	1983 1992	1993 2002	20032012	1983 1992	1993 2002	20032012
SCR	**11,54**	**11,84**	**12,06**	**589,80**	**620,80**	**638,60**	**30,40**	**32,00**	**29,60**
Kardzhali	12,70	12,90	13,10	630,00	640,00	636,00	17,00	16,00	18,00
Pazardzhik	11,70	12,10	12,30	427,00	456,00	542,00	24,00	30,00	21,00
Plovdiv	12,50	12,70	12,90	530,00	538,00	544,00	22,00	21,00	20,00
Smolyan	8,80	8,90	9,10	814,00	816,00	820,00	58,00	59,00	57,00
Haskovo	12,00	12,60	12,90	548,00	654,00	651,00	31,00	34,00	32,00

Informações provenientes das estações meteorológicas da agência BAS em Plovdiv e cálculos do autor.

No quadro. 3, três dos elementos climáticos da região são enumerados com base em dados empíricos recolhidos durante um período de 30 anos. Os valores médios de temperatura para a área entre o início e o fim do período de estudo aumentaram 1,06°C. Para todas as zonas, registou-se um aumento dos valores de temperatura durante o período estudado. O valor médio de precipitação para a zona aumentou. Para cada zona, os valores de precipitação entre 1983 e 2012 registam um aumento. [44]A cobertura de neve mantém os seus valores de retenção ao longo do período de estudo para cada zona da região.

3. 5. Potencial de recursos hídricos e caraterização hidrológica

[452]A bacia hidrográfica do Egeu Oriental (BREE) ocupa a parte central do sul da Bulgária e está principalmente localizada na região centro-sul, com uma superfície de 34 169 km, ocupando 32% do território do país e acumulando 57% da sua água. A sua fronteira com a bacia do Egeu Ocidental atravessa o vale da cordilheira Velishevsko-Videnikha (parte dos Rodopes Ocidentais), na região de Yundola (município de Velingrad), até ao cume de Musala. A fronteira com a bacia do Danúbio começa no cume de Musala, passa pela cordilheira de Shumatitsa (Ihtiman Sredna gora) e, depois da cordilheira de Galabets (vale de Kamarsko a oeste e vale de Zlatisko-Pirdop), vira para leste sobre a cordilheira da montanha de Stara Planina até aos Balcãs de Sliven. A fronteira com a bacia do Mar Negro estende-se dos Balcãs de Sliven até à montanha de Little Aitos, onde vira para sul e, através de Bakadzhitsi e das encostas ocidentais de Strandja, passa para o território da República da Turquia.

Em termos de relevo, a ZEE caracteriza-se por uma grande variedade de formas de relevo localizadas em três grandes zonas morfográficas: o sistema da cordilheira de Stara Planina, a zona de transição montanha-vale e a zona morfográfica de Rila-Rhodope. Os rios que constituem a base desta bacia hidrográfica são os seguintes Maritsa 21084 km2, Tundzha 7884 km2 e Arda 5201 km2, ocupando 31% do território búlgaro. A bacia hidrográfica do IBBB inclui o vale do rio Maritsa, que é a maior bacia hidrográfica do país, e o rio Tundja, que é o quarto maior.

Na zona da cordilheira de Stara Planina, caem as correntes superiores de alguns dos afluentes esquerdos dos rios Maritsa e Tundja. As íngremes encostas meridionais das montanhas Etropole, Zlatitsa-Teteven, Troyan, Kalofer, Shipchenski, Tryavna e Eleno-Tvrishka também se encontram na bacia. Estas encostas descem abruptamente a partir da crista principal da cascata e têm um relevo pedregoso. Estão separadas por ravinas profundas e distintas. A amplitude dos declives varia consoante a crista. O gradiente de separação vertical é um dos mais acentuados da Bulgária - de 50 m/km2 no sopé das encostas a 600 m/km2 na extremidade sul da crista. Os picos mais altos da montanha Kalofer são Botev (2376 m),

---

[44] http://plovdiv .meteo .bg/hydro stations.php
[45] http://earbd.org/

enquanto os mais baixos se encontram nos vales formados: Zlatishko, Pirdopsko, Karlovsko, Kazanlak e Tvardishko.

A zona de transição montanha-vale abrange a maior parte do curso médio e inferior dos rios Maritsa e Tundja. Caracteriza-se por um relevo muito diferenciado. Podem distinguir-se as seguintes subdivisões:

Subúrbio de Srednogorsko-Podbalkan, é limitado a norte pela cordilheira de Stara Planina e a sul pela zona morfográfica da Alta Trácia-Medo-Tundzhana. É constituída por duas faixas este-oeste. Uma delas situa-se nos vales dos sub-balcãs, separados entre si pelos limiares das colinas de Galabets e Koznitsa. Os campos sub-balcânicos contêm parte das correntes de água dos grandes afluentes esquerdos dos rios Maritsa, Topolnitsa e Stryama (campo de Karlovo). Os campos subbalcânicos orientais atravessam o rio Tundzha, uma faixa (a parte sul) de Sredna Gora. Sredna Gora é uma montanha de altitude média com um relevo relativamente suave. A parte central é a mais alta, com Bogdan a 1.604 metros acima do nível do mar. As encostas a norte da montanha são mais íngremes e menos onduladas do que as encostas a sul. Vários pequenos rios correm de Sredna Gora para o Maritsa. O mesmo se aplica aos afluentes que quebraram as encostas meridionais. [22]A profundidade da divisão aumenta do sopé até ao cume, passando de 25 m/km para 300 m/km.

A subzona morfográfica da Alta Trácia-Meditunjan é constituída por várias planícies: Pazardjik-Plovdiv, Elhovo e Stara Zagora, estando esta última fora da área de investigação. O seu relevo é ligeiramente ondulado a plano, formado por processos de acumulação. A sua altitude varia entre cerca de 250-300 m., onde os rios Maritsa e Tundzha desaguam nos rios principais, e cerca de 75-100 m. nos seus troços inferiores. Acima deles, existem colinas altas: as colinas de Chirpan, as colinas do mosteiro, as colinas de Svetiiliy, as colinas de Bakadzhitsi com uma altitude de até 400-600 m. A deslocação vertical do relevo varia de cerca de 25 m/km2, nos terraços do rio Maritsa, até 100 m/km2 na vertical. A subzona morfográfica de Sakar-Strandzha situa-se a sul da parte oriental da região da Alta Trácia e do Médio Tatjana. A parte ocidental do subúrbio é atravessada pelo baixo rio Tundja e as partes mais ocidentais da zona situam-se na bacia hidrográfica do rio Maritsa. O relevo é acidentado a ligeiramente montanhoso, com uma dissecação vertical de 50-200 m/km2.

A zona morfográfica de Rila-Rhodope dá origem ao rio Maritsa e a todos os seus bons afluentes. Toda a bacia hidrográfica do rio Arda está situada nesta zona. Esta zona caracteriza-se pelas maiores altitudes do país. As partes nordeste da cordilheira de Rila e a maior parte dos Rhodopes, com exceção das partes mais ocidentais, também fazem parte desta zona. Morfograficamente, os Rhodopes estão divididos em duas sub-regiões: Os Rodopes Ocidentais e os Rodopes Orientais.

Os subúrbios do Rhodopes Ocidental são uma continuação dos subúrbios de Rila-Pirin e são zonas montanhosas com um elevado desenvolvimento hipsométrico. Caracterizam-se por picos elevados de 1.800-2.191 m acima do nível do mar, com vales fluviais profundos. [2]A divisão vertical atinge 250-500 m/km.

Os subúrbios orientais dos Rhodopes caracterizam-se por um relevo relativamente baixo. A altitude tende a diminuir de oeste para leste. Esta sub-região também se caracteriza por cumes e zonas planas, mas a altitudes entre 700 e 1.482 metros. A altitude média nas partes orientais atinge os 330 metros, com um relevo verticalmente dissecado de 50 a 300 m/km2. Nos subúrbios dos Rhodopes Orientais, a bacia hidrográfica do rio Arda está quase totalmente coberta; a área de planícies e colinas é a de Haskovo.

O contexto geológico predetermina a formação de todos os principais tipos de águas subterrâneas na região: carste, fissuras e poros. Os principais acumuladores de chumbo fissural são as formações rochosas fissuradas nas zonas montanhosas de Stara Planina, Sredna Gora, Sakar, o maciço de Rila-Rhodope, bem como nas partes mais baixas da região: Ilias, Monastery e outras. O módulo de drenagem subterrânea é, na maioria dos casos, inferior a 0,11 centímetros por km2, caso em que as rochas são consideradas ingeríveis. Independentemente da hipótese de rusticidade, o abandono da rocha leva ao aparecimento de nascentes com caudais variáveis e baixos, que podem atingir vários litros por segundo. Nas zonas de baixo relevo (ravinas) que descem a encosta, os dilúvios de baixa potência e os materiais pro-planares integram a água das fissuras superficiais na zona de sinuosidade e permitem a construção de drenos e avaloirs. Os caudais reduzidos e relativamente irregulares das nascentes, muito dependentes das flutuações pluviométricas, fazem com que estas águas sejam utilizadas apenas para o abastecimento local.

Nas zonas de maior altitude, devido à maior pluviosidade, o módulo de drenagem subterrânea das fissuras atinge 0,2-0,3 l/km2. Neste caso, os complexos rochosos enquadram-se na categoria de complexos de baixa densidade. Estas são as águas encontradas principalmente nas partes altas das montanhas dos Balcãs, no maciço de Rila-Rhodope e nas montanhas de Sredna Gora. Esta categoria inclui também certas formações rochosas sedimentares que contêm camadas de carbonato das Caraíbas. Aqui, devido à maior profundidade de sedimentação nas massas, as águas são termais com uma temperatura de 20°C. As águas subterrâneas cársicas são acumuladas em formas carcássicas de diferentes idades, como os mármores docamiranos desenvolvidos na região de Rhodope e os mármores de Belest e Bachkovo que contêm marcadores. O grau de carstificação é mais baixo do que no maciço de Rhodope. As bacias cársicas mais importantes são: a nascente de Nestan-Trigrad, a nascente de Kleptuza-Velingrad, a nascente de Tri Voditsi-Perushtitsa-Ognyanovo, a nascente de Hubcha-Smolyan e outras. Todas as nascentes têm um caudal de até 100 l/s.

As rochas seguintes, de forma menos esquelética, são constituídas por materiais carbonatados do Triássico. Trata-se principalmente das dolomitas de grão fino do grupo Bosnia do grupo carbonático Iskar e dos mármores dos grupos Srem e Ustrem do grupo Topolovgrad. Os primeiros desenvolveram-se nas alturas de St. Ilias, onde abastecem o caudal do furo na região de Ezero com até 35 l/s, e os segundos na aldeia de Topolovgrad, na região da cidade com o mesmo nome. As nascentes cársicas mais significativas encontram-se na localidade de Pchelina, a noroeste de Topolovgrad, onde correm várias nascentes com um caudal de 80 l/s: Nascentes de Draganski com um caudal de 50 l/s, nascentes a sul da aldeia de Voden com 25 l/s e outras. Os contornos do Paleogénico são significativos na região. A nascente mais importante é o poço Halka, com um caudal médio de 110 l/s. A sul de Dimitrovgrad, na direção de Haskovo, encontra-se o Mineralni Bani (município de Mineralni Bani). A água com um caudal total de 340 l/s é extraída dos carbonatos cársicos dos picos Paleogénico e Triássico de Srem e Ustrem através de poços.

Os materiais porosos são representados principalmente por depósitos aluviais do período Quaternário. Estes são os acumuladores de água subterrânea mais importantes da região. A maior estrutura de águas subterrâneas encontra-se na depressão da Alta Trácia, que cobre as planícies entre as cidades de Belovo e Simeonovgrad até ao rio Maritsa. [2]Os recursos de exploração estão estimados em 2.101 l/km2 com um módulo médio de recursos de exploração de 5,8 l/km2, dos quais 49,2% são utilizados.

Os grabens sub-balcânicos que reduzem a quantidade de recursos férteis incluem: Pirdopski e Karlovski grabens. Aqui, o recurso fértil total é de 4745 l/sq.km2 com um módulo médio de 3,4 l/sm2. Deste total, 3754 l/s são absorvidos, ou seja, 79%. O maior recurso de exploração é a captação de Karlovo, com 1350 l/sq.km2. As outras estruturas com recursos hídricos mais fracos são a depressão de Haskovo, com um recurso de exploração de 600 l/km2, e a bacia de Svilengrad, com um recurso de exploração de 620 l/km2. Na depressão de Haskovo, as quantidades exploradas ascendem a 400 l/s, ou seja, 67% do recurso total.

Resumo das bacias hidrográficas: Maritsa 30265 l/km2, Tundzha 4995 l/km2 e Arda 1995 l/km2. Deste total, 49% do Maritsa, 81% do Tundja e 36% do Arda são explorados.

O quadro 4 apresenta os rios situados na bacia oriental do mar Egeu, na região centro-sul, e que estão diretamente ligados às actividades económicas, sobretudo nas zonas rurais.

código	tipo de rio	№	% à VAE	% à SCR
1	Rio de montanha	112	45,53	77,24
2	Um rio ondulante	54	21,95	37,24

3	Rio de planície	80	32,52	55,17
	Número total de rios afectados pela broca do freixo	**246**		

Informações da Direção da Água de Plovdiv e cálculos do autor.

A Tabela 4 mostra os três tipos de rios de acordo com a sua localização na ZEE e na região. Os rios de montanha são mais numerosos do que os outros dois tipos, tanto em número como em percentagem. Isto deve-se ao facto de 45% do território da região se situar a altitudes superiores a 600 m. Os rios de semi-montanha representam cerca de % do número total de rios e uma percentagem semelhante. Os rios planos representam % do total da EAWB. Este indicador inclui o rio Maritsa com os seus afluentes e a maior bacia hidrográfica (no país) de todos os rios da MDE.

Tab. 5 Distribuição dos rios da ZEE e da região Centro-Sul por distrito

código	Região	№	% à VAE	% à SCR
1	Pazardgik	31	12,60	21,38
2	Plovdiv	52	21,14	35,86%
3	Smoljn	27	10,98	18,62
4	Haskovo + Kardgali	35	14,23	24,14
	Total do rio para a SCR	**145**		
5	Sofij	27	10,98	18,62
6	Stara Zagora	74	30,08	51,03
	Total do rio	**101**		
	Número total de rios para o SCR	**256**		

Informações da Direção da Água de Plovdiv e cálculos do autor.

No quadro 5, os rios da EAWB estão localizados no território da região por distrito, bem como os rios dos distritos de Sofia e Stara Zagora localizados no território da EAWB. O número e as percentagens mais elevados na região dizem respeito aos rios dos distritos de Plovdiv e Pazardzhik, seguidos da região de Smolyan. Nas regiões de Haskovo e Kardzhali, o número de rios corresponde a % da superfície total. Os rios da região representam % do número total na ZEE. A principal razão para o grande número de rios é o relevo, a localização das nascentes, as caraterísticas climáticas da região, etc.

Tab. 6: Disposição dos lagos/barragens no território da EAWB e do SCR

código	Tipo de piscina	№	% para EAWB	% à SCR

1	Lagos/barragens com condições oligotróficas	29	47,54	72,50
2	Lagos/barragens com condições mesotróficas	32	52,46	80,00
	Número total de lagos/barragens para a EAWB	**61**		

Informações da Direção da Água de Plovdiv e cálculos do autor.

O quadro 6 enumera as massas de água (lagos/barragens) a gerir no âmbito do EAWB. Existem dois tipos de lagos/barragens em função do tipo de condições (oligotróficos e mesotróficos). Uma grande percentagem destas massas de água encontra-se na zona. Em termos percentuais, os lagos/barragens da região Centro-Sud estão relativamente bem distribuídos. Os dois tipos de massas de água criam as condições necessárias para o desenvolvimento das actividades económicas, abrangendo os três sectores da agricultura.

Tab. 7 Distribuição dos lagos/barragens da EAWB na região centro-sul por distrito

código	Região	№	% para EAWB	% à SCR
1	Pazardzik	9	14,75%	22,50%
2	Plovdiv	20	32,79%	50,00%
3	Smoljn	4	6,56%	10,00%
4	Haskovo + Kardgeli	7	11,48%	17,50%
	Total de lagos/barragens do SCR	**40**		
5	Sofij	18	29,51%	45,00%
6	Stara Zagora	3	4,92%	7,50%
	Número total de lagos/barragens	**21**		
	Total de lagos/barragens para EAWB	**61**		

Informações da Direção da Água de Plovdiv e cálculos do autor.

O Quadro 7 enumera os lagos/barragens da EAWB na região, por distrito. As massas de água de Sofia e Stara Zagora também estão localizadas na zona da ZEE. Mais de 65% dos lagos/barragens estão localizados na zona da MDE. Esta é a região com o maior número de massas de água, seguida da região de Pazardjik. Os factores responsáveis pela formação destas massas de água são o relevo, o clima, a altitude, a atividade antropogénica, etc. Nestas duas regiões, existem mais massas de água do que as acima mencionadas. Noutras regiões, as massas de água representam menos de 20% do estado total.

3.6. Tipos de solos, avaliação de terras

[2]O país cobre uma superfície de 111 001 km, ou seja, 22% da superfície da Península Balcânica. Ao contrário dos nossos países vizinhos, existe uma grande diversidade de solos. Este facto deve-se às diferentes condições físico-geográficas típicas das paisagens específicas

do país. Do ponto de vista económico, os solos mais importantes são os solos profundos das terras baixas, formados durante os períodos Plioceno e Quaternário. Cobrem cerca de 59 mil hectares, ou seja, 53% da superfície total do país. Os solos são um dos principais componentes do complexo natural. Existe uma grande variedade de solos, em termos de composição mecânica, cor, humidade, fertilidade e estrutura. Os diferentes factores naturais e a sua combinação específica em diferentes partes do país criam as condições para a formação e localização de tipos e subtipos de solos. Por sua vez, estes são divididos em tipos e subtipos zonais e azonais à escala global e regional. Existem 25 tipos de solos a nível mundial e 17 tipos, 28 subtipos e 39 subespécies na Bulgária. A consistência das diferentes espécies segue a sua regularidade e depende das alterações dos principais elementos naturais que afectam a formação da diversidade do solo. Os tipos de solo alternam-se vertical e horizontalmente. Formam-se variantes de solos zonais e azonais. [46]Com base nesta regularidade, são formadas três zonas geográficas de solos na Bulgária: Norte, Sul e Montanha (Gyurov 2001).

- A zona norte abrange o território de Stara Planina a norte do Danúbio e inclui solos florestais cinzentos e cinzentos.

  - A zona geográfica meridional inclui: floresta de canela, caniçais, prados aluviais.

- A zona geográfica montanhosa acima dos 800 m de altitude inclui: solos castanhos e solos florestais de prados de montanha.

Os solos da floresta de canela têm um peso volumétrico e relativo elevado, variando de 1,60 a 2,00 g/l para o peso volumétrico e de 2,6 a 2,77 g/l para o peso relativo. Em média, o húmus varia de 1,5% no campo a 3-4% no aipo, e o azoto total de 0,10 a 30%. A reserva total de húmus na camada de um metro de solo é baixa, de 2-4% e 10-25 t/d, com cerca de 45-55% na camada superficial de 0-35 cm. A quantidade total de fósforo (como P_2O_5) no horizonte superficial do solo é em média de 0,120,15%. A resposta do solo (Ph) dos solos tratados é ligeiramente ácida a 6,0-6,5.

Os solos da floresta caducifólia de canela são um subtipo dos solos da floresta de canela distribuídos por toda a região do município de Panagyurishte nas terras das aldeias: Banya, Bata, Popintsi, Dolno Levski, Elshica, Slavovitsa, Gorno Varshilo, Akandzhievo, Chernogorovo, Topli Dol. Estão situadas na região de Brezovo, Strelcha e na parte sul do município de Parvomai.

Solos fortemente lixiviados em torno das aldeias de Kalabunar, Velichkovo, [46] Boshulya, Tsrancha e das cidades de Peshtera e Bratsigovo. Os solos da floresta frondosa de canela, com solos pouco profundos, situam-se nas terras em redor da cidade de Banya e das aldeias de Bata, Popintsi e Ovchepoltsi.

Gurov, G., e Artinova, N., Soil Science, ed. Macros 2001, Plovdiv.

Solos de floresta de canela fortemente inclinados a ligeiramente decompostos - solos pouco profundos distribuídos na zona da barragem de Topolitsa (aldeias: Poibrene, Borimechkovo, Lesichovo, Tserovo, Vetren e Dyulevo). Na região de Smolyan, a norte de Devin, nas aldeias de Selcha, Mihalkovo e Dyulevo: Selcha, Mihalkovo, Churukovo e Osikovo.

Na região de Plovdiv, *os solos florestais de canela profundamente lixiviados* encontram-se nas aldeias: Dabene, Marino pole, Berounci, Ivan Vazovo, Father Paysievo, Staro Zhelezare, Nayden Gerovo, Zlatosel, Zelenikovo, Varbeny, município de Parvomay nas aldeias: Patriarh Evtimov, White River, Dragoinovo, Bryagovo. Distribuem-se num complexo erodido e pouco profundo nas terras das aldeias do distrito de Haskovo, nas aldeias: Sesame, Tatarevo, Mineral Baths, Spahievo, Uzundzha, Maritsa, Smirnentsi, Biser, Tankovo, Dolno Botevo e Lyubimets. Este tipo de solo encontra-se na região de Kardzhali, nos terrenos das aldeias de Slaveevo, Drabishna, Huhlah, View, Shiroko pole, Stremtsi, Minzuhar, Beli plast, Perperek e Miladinovo.

Os solos erodidos da floresta de canela encontram-se nas zonas de : Svilengrad, Chernodub, Kapitan Andreevo, Raikova mogila, Sladun, Varnik, Valche pole, Borislavtsi, Dolni Glavanak, Dolno Botev, Bridge, Patriarch Evtimovo, Dragoynovo e Ezerovo.

Os solos florestais erodidos de canela-podzoliti (pseudopodzolitisti) encontram-se também na margem direita do rio Maritsa, ao longo da aldeia de Shishmanovo, em Svilengrad.

Solos rasos da floresta de canela nas terras das aldeias de *Levka*, Izvorovo, Studena, Orehovo, Branitsa, Bulgarin e Harmanli: Levka, Izvorovo, Studena, Orehovo, Branitsa, Bulgarin e Harmanli, bem como na parte mais a sul do município de Mineralni bani. Este tipo de solo encontra-se nos municípios de Momchilgrad, Kirkovo e Djebel.

Os *solos pré-canários* situam-se na região de Pazardzhik, nas terras das aldeias de Kapitan *Dimitrievo*, Malo Konare e Dobrovniste: Kapitan Dimitrievo, Malo Konare e Dobrovniste. No distrito de Plovdiv, nas aldeias de Tsalapitsa, Benkovitsa e Dobrovniste: Tsalapitsa, Benkovski, Tseretelevo, Tsarimir, Voyvodinovo, Trilistnik, Bryagovo, Stryama, Katunitsa e Sadovo Gradina e ao longo do rio Pyasaknik. Formam-se nos socalcos dos vales fluviais e nos vales desertos adjacentes aos campos de canela.

Os solos florestais de canela-podzoliti (pseudopodzolitisti) estão disseminados na zona de solos florestais de canela. No território da região de Pazardzhik, nas terras das seguintes aldeias: Velichkovo, Pamidovo, Karabunar, Vinogradets, Dinka, Starchovo, Gelemenovo, Saraia, Krali Marko.

As aldeias de Malo Konare, Dobrovnitsa, Ivaylo, Dragor, Hadzhievo e Govedare têm também *grandes áreas de subsolo estriado (pseudo-subsolo de baixa altitude) nos vales mais baixos*, que nalguns locais são complexos com solos pouco profundos. Estas estão localizadas nas aldeias de Velichkovo, Dinka e no município de Lesichovo. Na região de Plovdiv, encontram-se no município de Hissarya e nas aldeias de Starosel, Krasnovo, Staro Zhelezare, Ivan Vazovo, Zhitnitsa, Tsarimir, Tseretelevo, Pudarsko, Botez e Otets Kirilovo. Ocupavam grandes áreas a oeste de Rakovski e Krichim, bem como as terras das aldeias de Stryama, Shishmantsi e Tsalapitsa.

Os solos *florestais pouco profundos do tipo canela-podzoliti (pseudopodzolitisti)* situam-se a norte da aldeia de Starosel e do município de Hissarya. Em torno do rio Stryama, nas aldeias de Banya, Voynigovo e Hissarya: Banya, Voynigovo, Kliment, Karavelovo, Kurtovo, Sokolitsa, Vedrare, Domlyan, Babek, Rozovets e Kalofer. Em Haskovo, os solos dos pinhais profundos de Podzolite (pseudo-Podzolite) estendem-se até ao sul da aldeia de Konush e às terras das aldeias de Golemantsi, Shiroka poliana, Zornitsa, Mandra, Troyan, Preslavets e do município de Lyubimets. A norte de Svilengrad e nas aldeias de Bulgarin, Branitsa, Izvorovo, Oryahovo, Mladinovo, Studena, Lefka, Malo Gradishte, Oreshets, Vurbovo e Tankovo. Este tipo de solo encontra-se também na região de Smolyan, no território da cidade de Devin e nas aldeias de Mihalkovo, Selcha e Stomanevo. A reação do solo é muito ácida a neutra, com pH 4,3-6,0. Estes solos têm uma acidez de troca e de hidrólise relativamente elevada. O peso volúmico do horizonte elusivo de húmus é de 1,3-1,4 g/l dentro da gama elusiva de 1,7-1,9 g/l. O húmus nos horizontes superiores é de 1,5-2,0%.

Os *locais de inumação* localizam-se principalmente nas planícies e nas depressões do sul da Bulgária, até 400 m acima do nível do mar, onde o relevo é plano ou amplamente ondulado. Paleogeograficamente, existem depósitos jovens do Patogénico e do Pliocénico de composição variável. Os solos são pesados e contêm grandes quantidades de argila, o que significa que incham facilmente quando humedecidos e se tornam pegajosos, e encolhem e incham quando secos. São difíceis de tratar. O teor de húmus é de 3 a 5%. Os monges têm um forte horizonte de húmus de 45-80 sm. A reação do solo varia de neutro a ligeiramente alcalino, com um pH de 6,6-7,5. Estão espalhados pela região de Pazardzhik, nas aldeias de Pishtigovo, Chernogorovo, Topli Dol, Ovchepoltsi e Tsar Assen. No território da região de Plovdiv, nas terras das aldeias: Benkovski, Voisil, Golyam Chardak, Little Chardak, Pravishte, Nayden Gerovo, Tseretelevo, Karadzhalovo, Tatarevo, Dulbok izvor, Izbegli, Patriarh Evtimovo, Byala reka. Bem como nos territórios dos municípios de Saedinenie e Parvomay. Na região de Haskovo, as terras estão localizadas nas terras das aldeias: Skobelevo, Stalevo, Yabalkovo, Krum, Gorski Izvor, Dobrich, Garvanovo, Vaglarovo, Sirakovo, Kolets, Trakia, Voyvodovo, Konus, Slavyanovo, Krivo pole e a norte do município de Harmanli. Encontram-se no município de Mineralni bani. As resinas erodidas estão localizadas a norte do município de Simeonovgrad, nas aldeias de Brod, Zlato pole e Troyan. A norte do município de Svilengrad, nas terras das aldeias de Momkovo, Pastrogor e Levka.

Os juncos dos prados encontram-se no sul da Bulgária em zonas de recifes e em vales fluviais menos drenados. Encontram-se na região de Plovdiv, nas terras do município de Sadovo, nas aldeias de Mominsko, Bolyartsi e Belozem: Mominsko, Bolyartsi e Belozem.

Os solos de floresta castanha encontram-se a altitudes entre 800-1000 m e 1800-2000 m. Desenvolvem-se em solos areno-argilosos soltos, em climas frescos e húmidos, em florestas de folha caduca e mistas. Desenvolvem-se em solos areno-argilosos soltos, em climas frescos e húmidos, em florestas de folha caduca e mistas. Solos pouco profundos com um horizonte de húmus de 40 a 80 cm e um teor de húmus de 1 a 3%. Locais onde o teor de húmus atinge 10% e Ph 5,4-6,6. Encontram-se no território da região de Pazardzhik. O distrito de Plovdiv situa-se na parte norte do território. Na região de Sashtinska Sredna gora, Teteven e Troyan, nos municípios de Hissarya, Sopot, Karlovo e Panagyurishte.

Os solos florestais castanhos secundários com colhedores e litossolos nestes tipos de solo formam-se nas zonas verticais médias e superiores do tipo de solo principal, ocupando as encostas viradas a norte. Têm um perfil de solo forte, o horizonte portador de húmus tem uma capacidade de 20-40 cm e uma quantidade relativamente maior de matéria orgânica. Estes solos estão situados nas regiões de Rhodopes, Sredna gora e Stara Planina, nos municípios da região de Plovdiv: Hissar, Sopot, Karlovo e Panagyurishte.

Os *solos de montanha e florestais de cor escura* com estacas não estão muito difundidos, principalmente nos Rhodopes e em particular nos municípios da região de Smolyan. Entre os tipos de montanha, estes solos têm o perfil mais forte a 80-120 cm. O teor de húmus no horizonte quente é de 10-20%.

Os solos de montanha e de *pastagem* com picos e litossolos ocupam quase todas as partes alpinas e subalpinas das montanhas, os Rodopes e os Balcãs. O seu perfil varia entre 20-40 e 80 cm, e mais raramente até 100 cm. O horizonte portador de húmus é forte e cobre quase todo o perfil. A reação do solo varia de ligeiramente ácida a ligeiramente alcalina, com um pH de 4,5-6,0.

Os solos humino-carbonatados (randines) encontram-se principalmente nas zonas de piemonte e de montanha e estão sujeitos a várias paredes de erosão. Os randines são solos com um perfil baixo de 30 a 50 cm. O teor médio de húmus dos solos não cultiváveis das planícies e dos contrafortes é de 5 a 7%. Em altitudes superiores a 800 m, atinge 13,5%. O teor em carbonatos varia de 10 a 50%, com uma reação neutra e ligeiramente alcalina. Encontram-se na região de Pazardzhik, a norte do município de Peshtera, nas terras das aldeias de Kapitan Dimitrievo, Isperihovo e Buaga. Encontram-se resinas pouco profundas nas aldeias de Varvara,

Simeonovets e em redor da barragem de Topolitsa. As localidades de Borino, Banite, Devin e Dospat estão associadas a solos florestais castanhos e a solos negros pouco profundos. Ocupam uma vasta faixa entre o município de Velingrad e a barragem de Vassil Kolarov (barragem de Golam Beglik). Na região de Plovdiv, este tipo de solo encontra-se nas terras das aldeias de Bolyarino e Turkmen. As maiores áreas estão localizadas nos municípios de Perushtitsa, Krichim e na parte norte da passagem de Rhodope. No distrito de Haskovo, encontram-se as aldeias de Momkovo, Dolno Botevo, perto das aldeias de Mineralni Bani, Harmanli e Stambolovo.

Os solos aluviais e os solos de prados aluviais situam-se ao longo dos vales dos rios. O seu perfil é representado por um horizonte com húmus de 10 a 40 cm. O teor de húmus varia de 1 a 5%. As terras aráveis contêm 1 a 2%, e o azoto total (N/N2) varia entre 0,04 e 0,30%. Os solos aluviais e de prados aluviais estão localizados nos territórios dos municípios de Velingrad e Septemvri, nas aldeias de Zvanichevo e Ognyanovo (município de Pazardjik), ao longo do rio Maritsa e dos seus afluentes Topolnitsa, Luda Yana e Chepinska. No distrito de Plovdiv, os solos aluviais situam-se ao longo do rio Maritsa nas regiões de Krichim e Sadovo, bem como nas terras das aldeias de Todor Kableshkovo, Trud, Yagodovo, Popovitsa, Mileovo e Vinitsa, e ao longo dos rios Sandstone, Stryama, Parvenets, Chepelare e Kara Dere. No distrito de Haskovo, estão localizados ao longo dos rios Maritsa e Harmanliyska e na região da barragem de Ivailovgrad. Os solos de prados aluviais encontram-se nos municípios de Ivaylovgrad e Simeonovgrad. Na região de Kardzhali, este tipo de solo encontra-se ao longo dos rios Varbitsa e Arda e nos municípios de Ardino, Djebel e Momchilgrad. Na região de Smolyan, os solos aluviais e de prados aluviais encontram-se ao longo do rio Dospat.

Os solos aluviais e deluviais estão localizados na região de Pazardzhik, a sul de Septemvri, nas aldeias de Semchinovo, Simeonets, Varvara, Akandzhievo e Fyaga. No território do distrito de Plovdiv, os solos aluviais e de prados aluviais situam-se no terraço fluvial do rio Stryama. O horizonte de húmus tem uma altura de 15 a 40 cm, com um teor de húmus de 1 a 2,5%. Está presente uma pequena quantidade de azoto (N/N2) e de compostos de azoto, que varia entre 0,08 e 0,18%. O teor de carbonatos (CaCO3/NaCO3/K2CO3) varia num intervalo de 0,220%.

Os *prados de terra preta* ocupam as partes superiores dos terraços inundados com uma profundidade de lençol freático de 1-2 m. Estes solos têm um horizonte de húmus bem desenvolvido de 60-70 cm numa profundidade total do perfil de 90-100 m. A quantidade de húmus no horizonte superficial varia de 2,5-4% para as terras *aráveis e de 3,5-5,5%* para o aipo. A quantidade de húmus no horizonte superficial varia de 2,5 a 4% para as terras aráveis e de 3,5 a 5,5% para o aipo. O teor de azoto (N/N2) é elevado: 0,110,28% para as terras aráveis e

0,25-0,32% para o aipo. A sua reação é ligeiramente alcalina ou neutra, com um pH médio de 6,5 a 8,6. São amplamente cultivadas nas terras das aldeias de Aleko Konstantinovo, Ognyanovo, Tsaratsovo, Benkovski, Voisil, Stroevo, Proslav, Zlati trap, Yagodovo, Kochovo e Karadzhalovo, bem como no vale de Maritsa, na região das aldeias de Milevo, Vinitsa e Parvomay.

Existem *prados e pântanos* na região do município de Sadovo.

Os solos salgados situam-se nos terraços baixos dos rios: Maritsa, Tundja, Stryama, Sandstone e nos cones dos seus afluentes. Na região de Plovdiv estão situadas as seguintes aldeias Tsaratsovo, Benkovski, Voisil, Stryama, Jasno pole, Belozem, Chalakov, Manolsko Konare e Shishmantsi.

Os solos solónicos são um subtipo que contém sais solúveis (NACL/KCL) de 0,5 a 2,5%. O teor de carbonatos expresso em (CACO3/NACO3/K2CO3) é de 3-5% nas partes superiores do horizonte do solo e de 12-15% nos horizontes inferiores. A reação é ligeiramente alcalina, Ph 7,8-8,3% em média, e o teor de húmus varia de 1,5-1,9%. Encontra-se disseminada na região de Plovdiv, nos terrenos das aldeias de Radinovo, Kostievo, Voevodinovo, Skutare, Rogosh e Belozem.

Solonts - este subtipo de solo está distribuído nos municípios da região de Plovdiv ao longo do rio Maritsa e dos seus afluentes Stryama e Sandstone. Estes solos encontram-se também nas aldeias de Belozem, Stryama, Graf Ignatievo e Benkovski. Dependendo da profundidade do horizonte de carbonato ou de gesso, os solons podem ser :

- Alto teor de carbonato (gesso) com um horizonte de 30 m da superfície.
- Carbonato profundo (gesso) com um horizonte a 30-50 m da superfície.
- Demasiado carbonato (gesso) com um horizonte a 50 m da superfície.

A reação nos horizontes superiores, que não contêm sais, é neutra, e no horizonte iluvial-salino é fortemente alcalina. O teor de húmus varia de 2 a 3%.

Os solos *primitivos erodidos* estão relativamente disseminados em depósitos pliocénicos ao longo do rio Maritsa, na região de Haskovo, Plovdiv.

Os solos rasos de húmus-silicato (rancheiros) estão disseminados nos Rhodopes ocidentais e orientais. Encontram-se áreas mais compactas nos municípios de Chepelare, Batak, Devin, Dospat e outros. O horizonte portador de húmus tem até 25 cm de profundidade e o teor de húmus varia entre 2 e 3% e 10%.

A qualidade e as caraterísticas do solo são determinadas pela avaliação de boa fé (BO) para cada zona ou região específica. A avaliação de boa fé mostra a aptidão para o cultivo de diferentes tipos de culturas ou grupos de culturas. A avaliação do solo inclui uma análise de :

- Resistência do horizonte de húmus em percentagem.
- Percentagem de matéria orgânica no solo.
- Resposta do solo ao pH.
- Quantidade, qualidade e profundidade das águas subterrâneas.
- Período de geada (outono-primavera).
- Teor de metais pesados e outros componentes.

A avaliação de boa fé tem em conta os indicadores principais ou os que determinam predominantemente a fertilidade do solo em relação aos factores naturais, climáticos e ecológicos da zona (solo) a avaliar. Consoante o grau de impacto nas plantas, cada indicador do solo é avaliado de 0 a 100 fardos. A avaliação final da fertilidade do solo da zona avaliada é obtida a partir de uma média aritmética de todos os índices incluídos, um número binário (bala) de 0-100. Esta avaliação é efectuada para cada zona/território em que será cultivado um determinado tipo de cultura. A avaliação global determina o tipo de solo (categoria) e os tipos de culturas possíveis. O BB é analisado em diferentes partes da zona destinada a actividades agrícolas. Isto mostra que parte da área é mais adequada para que tipo de cultura. O índice de melhoria é ajustado pelo fator climático e, quando os solos são irrigados, erodidos ou salinos, é adicionado o fator ecológico correspondente. Obtém-se assim a estimativa final da superfície que utiliza ao máximo a fertilidade do solo combinada com factores naturais (Gyurov 2015)[47].

Tab. 9 Classificação das terras de acordo com a norma nacional

Grupo	categoria	Lote
I Muito bem	X	100-91
	IX	90-81
II Bom	VIII	80-71
	VII	70-61
III Média	VI	60-51
	V	50-41
IV Pobres	IV	40-31
	III	30-21
V Não adequado	II	20-11
	I	10-0

Informações do Atlas dos Solos da Bulgária, 1998

Gurov, G., e Artinova, N., Soil Science, ed. Intellectper-94, Plovdiv 2015.

[47]Segundo o Atlas dos Solos da Bulgária, de Koinov (1998), os grupos e categorias de solos e a sua biodiversidade para a economia do país situam-se, em média, entre 60 e 70 fardos, ou seja, na categoria VII. Relativamente às diferentes unidades territoriais - municípios - este valor difere e varia consideravelmente. Para o distrito de Plovdiv, o PA é de 70-80 balas, para o distrito de Pazardzhik, o BO é de 60-70 balas, para o distrito de Haskovo, o BO é de 70-80, para Kardzhali, o BO é de 30-40 p.m. e para o distrito de Smolyan, o BO é de 20-30 pts. Para as amostras de solo colhidas numa determinada área, em função do tipo de solo, da categoria e dos fardos, a análise permite identificar o tipo de culturas agrícolas adequadas para a agricultura nas zonas rurais.

3.7. Silvicultura, estatuto e desenvolvimento do fundo florestal

A vegetação moderna no território do país começou a formar-se no final do período Terciário Neozoia, no final do Plioceno e no início da era Pleistocénica. A última era glaciar ocorreu durante o período Quaternário. De um ponto de vista climático, teve pouca influência no desenvolvimento da vegetação no continente europeu. A flora búlgara é relativamente diversificada e muito rica. Inclui cerca de 3.600 espécies de plantas superiores, algumas das quais - esqueleto, castanheiro, pinheiro branco e preto, choupo, Strandzha e outras - estão preservadas como relíquias dos períodos Terciário e Quaternário. Foram identificadas no país cerca de 250 espécies endémicas dos Balcãs, muitas das quais podem ser encontradas aqui. A maioria destas espécies encontra-se nos Rhodopes Ocidental e Oriental 117-37. A Bulgária está localizada na província sudeste da Zona Florística da Europa Central. Está ciente da extensão das florestas de folha caduca da Europa Central. Nas áreas da faixa montanhosa entre 1.000 e 2.500 m, desenvolveram-se florestas de coníferas do Norte da Europa. Na faixa montanhosa mais alta, acima dos 2500 m, a presença de vegetação ártico-alpina está estabelecida.

Na Bulgária, as florestas cobrem cerca de 30% do país. Para além da grande variedade de espécies vegetais e animais, as florestas fazem parte do principal sector económico do país. A superfície do Fundo Florestal do Estado em 31.12.2011 era de 4138147 hectares, ou seja, 37,3% do território nacional. As florestas estatais representam 3160380 hectares, as florestas privadas 451830 hectares, as florestas municipais 503694 hectares e as florestas de organizações religiosas 23243 hectares. Existem quatro direcções regionais de florestas e uma floresta estatal na região centro-sul. A superfície florestal da região cobre 967480 hectares, ou seja, 43,3% da superfície terrestre da região.

---

[48] Koinov, V., Soil Atlas of Bulgaria, Zemizdat ed., Sofia 1998

[48]O Departamento Florestal do Distrito de Pazardzhik inclui 13 unidades e uma quinta experimental e de formação. As explorações florestais estatais da região estão localizadas nos seguintes municípios: Batak, Belovo, Pazardzhik, Panagyurishte, Peshtera e as aldeias de Selishte e Chehlyovo. O território das zonas rurais da região de Pazardzhik inclui também sete explorações florestais estatais: Alabak, Beglika, Borovo, Rakitovo, Rodopi, Chepino e Shiroka Polyana. O território das 13 divisões abrange os Rodopes Ocidentais, as partes nordeste de Rila, Sredna Gora Ocidental e a parte ocidental da planície da Alta Trácia. As florestas comerciais cobrem 64% da superfície. A superfície total do Fundo Florestal é de 258613 hectares, ou seja, 58% da região de Pazardzhik. A superfície do Fundo Florestal do Estado é de 21.2720 hectares. As florestas municipais cobrem 23 858 hectares e as florestas do Ministério do Ambiente e da Água cobrem 8 750 hectares. [333]O stock total de madeira do Fundo Florestal na região de Pazardzhik é de 52790396 m , de coníferas 39365718 m e de caducifólias 13424678 m . A utilização média anual é de 578538 m3 , sendo as coníferas responsáveis por 424117 m3 e as folhosas por 154421 m3. As principais espécies arbóreas da região são o pinheiro branco (36%), o carvalho (18%), o abeto (17%), a faia (13%), o pinheiro negro (6%) e o abeto (4%). As espécies de coníferas representam 5% e são utilizadas para fins comerciais e domésticos. As espécies de coníferas representam 5% e são utilizadas para actividades comerciais e domésticas. As espécies de folha caduca representam igualmente 1% da utilização comercial e doméstica.

[49]A Direção Regional de Florestas de Plovdiv abrange as montanhas de Stara Planina, Sredna Gora e o maciço de Rila-Rhodope, bem como os amplos vales fluviais dos rios Maritsa, Vacha e Stryama, a altitudes de 120 a 2000 m acima do nível do mar. Quatro florestas estatais são responsáveis pela gestão de espécies vegetais e animais no distrito de Plovdiv: Asenovgrad, Karlovo, Krichim, Klisura, Parvomay, Plovdiv, Hissar e Rozino, bem como duas estações estatais de criação de caça: Stryama Chekeritsa e Laki Kormisosh. O património florestal da gestão florestal regional representa 189188 hectares, ou seja, 8,5% da superfície. O stock florestal do governo regional de Plovdiv é de 24317025 m3, com uma taxa média de crescimento anual de 503643 m3. Todas as formas de propriedade florestal estão representadas no território do governo regional: o fundo de florestas selvagens representa 145223 hectares, as florestas municipais 24728 hectares, as florestas pertencentes a pessoas singulares 17736 hectares, escolas, entidades legais e centros comunitários 574 ha e instituições religiosas 927 ha. A composição biológica das florestas é rica e variada. Nos Rhodopes, as espécies mais comuns são o pinheiro branco, o abeto, o abeto, o pinheiro negro, o carvalho de inverno e a faia

---

[48] http://www.pazardjik.iag.bg
[49] http://www.plovdiv.dag.bg/

comum. Nas montanhas de Sredna Gora: faia, carvalho de inverno, que cresce nas encostas superiores das montanhas, e carpa nas encostas inferiores. Na região de Stara Planina, as espécies arbóreas são: faia, carvalho de inverno, pinheiro branco, abeto, carpa e outras. Em número mais limitado, encontram-se o abeto, o ácer, o ácer do campo, a tília, etc. Nas planícies e nos contrafortes, predominam as florestas mistas de carvalhos. Nos vales dos rios Stryama, Maritsa e Chaya, há choupos, salgueiros e abetos. Numa pequena parte da zona de Grebania canal Plovdiv, no lado norte, ao longo do rio Maritsa, existe também um tipo de floresta densa. O objetivo dos silvicultores do FDP-Plovdiv é preservar a origem natural das mudas, continuar o cultivo de pinheiros cultivados a partir de culturas de coníferas e de culturas (esquecidas há alguns anos) e, finalmente, transformar as plantações em mudas. A maior superfície da propriedade florestal é ocupada por plantações de coníferas (29,2%), estacas (28,8%), reconstruções (23,6%), árvores de folha caduca altas (15,2%) e troncos baixos (3,2%). A maioria das espécies de árvores são comerciais: faia 30%, carvalho de verão e de inverno 22%, choupo 3%, acácia 3%, cerejeira 1%, ulmeiro, jasmim, carpa 5%. O pinheiro branco, o abeto, o abeto e o abeto branco representam 36%. As florestas privadas restauradas são relativamente pequenas, com cerca de 50% das propriedades restauradas com menos de 1 ha, 75% das quais com menos de 2 ha. Existem seis viveiros florestais públicos activos no território da RDF-Plovdiv, onde é necessária uma quantidade suficiente de plântulas de qualidade para a reflorestação. Existe também uma série de espécies de árvores e arbustos decorativos.

[50]Os limites da Direção Regional Florestal de Smolyan (RDF) coincidem com os limites da região de Smolyan. A Direção Florestal está localizada inteiramente na parte ocidental das montanhas Rhodopi, em 10 explorações florestais estatais e uma exploração de caça estatal. No território da Direção Florestal Regional de Smolyan, existem 107 reescritas (geridas e explorações). A área total da Direção Regional de Florestas de Smolyan é de 2 466 26 hectares, dos quais 17 8941 ha ou 72,5% pertencem ao Fundo Florestal do Estado. As florestas do Ministério do Ambiente e da Água representam 515 ha, ou seja, 0,2%, e as florestas não estatais 67 170 ha, ou seja, 27,2%. As florestas municipais representam 8 975 ha, ou 3,6%, as florestas pertencentes a pessoas colectivas 1 371 ha, ou 0,6%, e as florestas pertencentes a particulares 4 613 ha, ou 18,9%. As florestas em terras agrícolas representam 9 540 ha e as organizações religiosas 571 ha. A idade média das florestas é de cerca de 60 anos. O inventário florestal total no território da Direção Regional de Florestas de Smolyan é de 60 milhões de metros cúbicos. O crescimento médio anual total é de cerca de 1 milhão de metros cúbicos. As espécies coníferas ocupam 73% e as espécies caducifólias 27% da superfície florestal. O pinheiro branco ocupa 40%, o abeto 22%, o pinheiro negro 8%, a faia 17% e o

---

[50] http://www.smolian.iag.bg/

carvalho 7% da superfície total.

[512]Para o distrito de Kardzhali (RDF), abrange 8043 km ou 7,3%. A superfície florestal total da FTR - Kardzhali é de 359565 hectares, dos quais 344667 hectares de floresta, 14806 hectares de bosque e 92 hectares de terras agrícolas em zonas urbanizadas. A área arborizada abrange 294346 hectares, dos quais 7249 hectares não têm madeira e 43072 hectares são improdutivos. A área florestal por tipo de propriedade na FTR - Kardzhali está distribuída da seguinte forma: 81% território estatal, 16% municípios, 2% particulares, 2% entidades jurídicas privadas e organizações religiosas. Os principais tipos de floresta na região da FTR - Kardzhali são: coníferas 91307 hectares, caducifólias 15606 hectares, 162206 hectares e tronco baixo 25227 hectares.

A unidade territorial da empresa estatal de Haskovo inclui os municípios de Haskovo, Dimitrovgrad, Harmanli, Simeonovgrad, Mineralni bani, Stambolovo e Madzharovo. Geograficamente, abrange a parte sul da planície da Alta Trácia, Sakar e os Rhodopes Orientais. A área florestal total é de 91412 ha, dos quais 79552 ha são florestados e 32573 ha pertencem ao Fundo Florestal Estatal. As áreas florestais municipais representam 5 066 ha, sendo 3 399 ha propriedade de pessoas singulares, 749 ha de pessoas colectivas e 399 ha de organizações religiosas. As florestas da região cobrem 4.213 ha e as florestas do Ministério do Ambiente e da Água cobrem 13 ha. Em segundo lugar, as plantações de coníferas, quase exclusivamente representadas por pinheiro branco e pinheiro negro. Estão também presentes espécies mistas de carvalho apical. As plantas de folha caduca alta são representadas principalmente por choupos, que representam apenas uma pequena parte da superfície da exploração. A superfície arborizada da propriedade florestal está distribuída da seguinte forma: 10% de coníferas, 6% de folhosas de caule alto, 73% de pedregulhos para conversão e 11% de folhosas de caule baixo.

Tab. 10 Zonas de exploração madeireira na região Centro-Sud em 2011

Regiões	Zona км²	da região	Florestas estatais		Fundo Nacional Florestal		Área florestal municipal	
			ha	%	ha	%	ha	%
Região Centro-Sul	22 365,054	100,00	967 480	43,30	728 604	75,30	115 189	11,91
Região de Kardzhali	3 209,100	14,34	181 641	8,10	145 342	80,01	29 062	16,00
Região de Pazardzhik	4 458,000	19,90	258 613	11,60	212 712	82,25	2358	0,91
Região de Plovdiv	5 972,900	26,70	189 188	8,50	159 036	84,00	24 728	13,07

[51] http://www.kardjali.iag.bg/

75

Região de Smolyan	3 193,000	14,30	246 626	11,00	178 941	72,55	8 975	3,64
Região de Haskovo	5 543,000	24,80	91 412	4,08	32 573	35,63	50 066	54,76

Informações fornecidas pela Direção Regional de Florestas, Plovdiv, e cálculos do autor.

O quadro 10 mostra os três tipos de terrenos florestais em termos de área em hectares e de percentagem de área ocupada. De acordo com o primeiro indicador, as florestas estatais têm a percentagem mais elevada nos distritos de Pazardzhik e Smolyan, seguindo-se as regiões de Plovdiv, Kardzhali e Haskovo, com a floresta estatal a ter a área mais pequena nesta última região. O segundo indicador nos distritos de Kurdjali, Pazardjik e Plovdiv é sensivelmente igual. Smolyan ocupa o quarto lugar em termos de território ocupado pelo Fundo de Propriedade do Estado. Relativamente às áreas ocupadas pelo Fundo Florestal Geral na antiga União Soviética, o distrito de Haskovo é o primeiro, seguido dos distritos de Kardzhali e Plovdiv, sendo a região de Pazardzhik a que apresenta a percentagem mais baixa neste indicador.

3.8. Zonas protegidas como parte da infraestrutura verde

O desenvolvimento de infra-estruturas verdes nas zonas rurais da região Centro-Sul, definindo o habitat da flora e da fauna. É o elo de ligação entre a sociedade e a própria biosfera. A atividade consiste em manter e restaurar o ecossistema nas zonas rurais da região Centro-Sul, em conformidade com os requisitos da "NATURA-2000". A filosofia de base da infraestrutura verde pode ser aplicada na conceção de projectos de avaliação do impacto ambiental e a metodologia na conceção de "espaços verdes" no domínio da biodiversidade e da agricultura. Por seu lado, a infraestrutura verde é um elemento de desenvolvimento sustentável nas zonas rurais da região Centro-Sul e um recurso importante para o desenvolvimento das actividades socioeconómicas nestes territórios.

O conceito de "infraestrutura verde" remonta ao final dos anos 80, quando se chamou a atenção para o relatório da Comissão das Nações Unidas para o Desenvolvimento Sustentável, proclamado pela Sra. Harlem Brundtland. [52]Publicado em 1987, este relatório expõe os problemas socioeconómicos da humanidade, analisa-os e resolve-os, protege o ambiente e preserva o potencial de recursos naturais do planeta. Introduziu pela primeira vez o conceito de "desenvolvimento sustentável", a relação entre os recursos sociais e naturais. [53]A Conferência das Nações Unidas sobre o Ambiente e o Desenvolvimento, realizada no Rio de Janeiro em 1992, adoptou a proposta de uma transição global dos países para a aplicação do

---

[52] http://www.papertiger-bg.com/Brundtland.html
[53] http://www.dadalos-iizdvv.org/menschenrechte/grundkurs_mr2/Materialien/dokument_9.htm

desenvolvimento sustentável, que se baseia na ligação filosófica: homem-sociedade-natureza. Apela também à introdução de novas tecnologias e inovações na gestão dos recursos naturais e do estilo de vida.

O conceito de "infraestrutura verde" surgiu nos Estados Unidos em meados da década de 1990, centrando a atenção na relação entre o homem e a natureza e na utilização dos recursos naturais dentro e fora das zonas urbanas. Baseia-se na importância dos ecossistemas, na sua influência natural na sociedade e no processo de urbanização em rápido desenvolvimento. O conceito de "infraestrutura verde" está a entrar rapidamente na literatura científica popular em todo o mundo, com vários autores a tentarem defini-lo.

[54]Green Infrastructure: Linking People, Nature and Landscapes, EPA 2009, *"A infraestrutura verde liga as pessoas, a natureza e a paisagem"*. [55]De acordo com as Orientações para o Planeamento da Infraestrutura Verde, a infraestrutura verde *"enquanto ambiente físico dentro e entre cidades, aldeias e cidades mercantis, é uma rede de espaços abertos multifuncionais e inclui parques (formais), jardins, bosques, corredores verdes, cursos de água, árvores de rua e campos abertos"*.

O conceito de infraestrutura verde na UE entra na década de 1990 e está largamente ligado aos conceitos de zonas rurais na União e, sobretudo, à adoção e afirmação do NATURA-2000 por todos os Estados-Membros da UE. No que respeita ao desenvolvimento do conceito de infraestrutura verde, os comités ambientais da UE têm diferentes pontos de vista e definições sobre a terminologia e a interpretação do conceito de infraestrutura verde. Uma definição é a das conclusões do Conselho Europeu de Ministros do Ambiente de 3 de março de 2010 sobre a biodiversidade, documento 7536/10: *"A infraestrutura verde é uma rede interligada de zonas naturais, incluindo terras agrícolas, vias verdes, zonas húmidas, parques, reservas florestais, espécies vegetais nativas e zonas marinhas que regulam naturalmente o escoamento, a temperatura, o risco de inundações e a qualidade da água, do ar e dos ecossistemas"*.[5657]

A infraestrutura verde é a rede de áreas naturais e semi-naturais, funções e espaços verdes em zonas rurais e urbanas, terrestres, de água doce, costeiras e marinhas. O seu conceito mais amplo inclui também elementos naturais, como parques, reservas florestais, sebes, zonas húmidas restauradas e preservadas e zonas marinhas, bem como elementos artificiais e ciclovias "[58].

Segundo o autor do livro, sem pretender ser exaustivo na definição de infraestrutura

---

[54] https://www.epa.gov/sites/production/files/2015-09/documents/green_infrastructure_roadshow.pdf
[55] http://www.greeninfrastructurenw.co.uk/resources/North_East_Green_Infrastructure_Planning_Guide.pdf
[56] https://europa.eu/european-union/sites/europaeu/files/docs/body/rules_of_procedure_of_the_council_bg.pdf
[57] http://ec.europa.eu/environment/integration/research/newsalert/indepth_reports.htm

verde, propõe o seguinte tratamento: "*A infraestrutura verde é um conjunto de componentes naturais (clima, água, solo, flora, fauna, etc.) localizados dentro e fora das áreas urbanas, participando na formação de ecossistemas ligados a áreas protegidas numa determinada região.*

A infraestrutura verde nas zonas rurais da região Centro-Sud está ligada à grande diversidade das paisagens da região (incluindo na maioria das zonas rurais). De norte a sul, há montanhas e planícies atravessadas por numerosos rios e barragens, com uma grande variedade de flora e fauna. Todos estes elementos estão no centro da infraestrutura verde.

A parte norte da zona abrange a parte média do sistema de Stara Planina, que tem um perfil marcadamente assimétrico. A montanha é caracterizada por uma cadeia montanhosa alta e compacta, que se estende principalmente para oeste-leste sobre as terras dos municípios de Karlovo e Sopot.

A secção Srednogorsko-Zadbalkan inclui partes de Sredna Gora e partes dos campos do vale do Zadbalkan. A floresta média tem declives assimétricos: curtos e íngremes a norte e inclinados a sul. O vale do rio Stryama divide Sredna Gora em duas grandes encostas: Sashtinska, com o pico Golyam Bogdan, a 1604 m acima do nível do mar, e Sarnena, a 1236 m acima do nível do mar. Entre as encostas de Sredna Gora e Stara Planina encontra-se a faixa alongada de cascalho dos campos do Zadbalkan, separada pelas cristas das montanhas transversais. Esta zona inclui Zlatisko - o vale de Pirdop, formado entre as vertentes de Galabets e Koznitsa, e Karlovska, entre Koznitsa e Krustec. Os municípios rurais desta zona são os seguintes Panagyurishte, Koprivshtitsa, Brezovo, Strelcha e Hissarya.

A parte central da região é ocupada pela planície da Alta Trácia, sublinhada pelo elemento orográfico, entre as cadeias montanhosas de Sredna Gora a norte, Rhodopes a sul, Sakar a sudeste e Eledik a oeste. Esta zona abrange o pólo Plovdiv-Pazardzhik, no centro do qual as colinas de Plovdiv se elevam a uma altura média de 286 metros. O seu declive, que vai de oeste-noroeste a leste-sudeste, é marcado pelo leito do rio Maritsa. Na cidade de Belovo, o terreno está a 300 m acima do nível do mar, enquanto na periferia oriental do município de Parvomay desce significativamente para 100 m acima do nível do mar. O maior número de municípios está concentrado de oeste para leste devido às condições favoráveis de relevo, solo e clima: Lesichovo, Septemvri, Belovo, Pazardzhik, Stamboliyski, Saedinenie, Maritza, Rakovski, Plovdiv, Kuklen, Asenovgrad, Parvomay, Mineralni bani, Haskovo, Dimitrovgrad, Simeonovgrad, Harmanli, Lyubimets e Stambolovo.

Juntamente com as montanhas Sakar, a região é uma terra de baixa montanha altamente subtropical. Combina campos amplos e planos com colinas isoladas. A região tem altitudes bem definidas: Svetliyski 416 m. acima do nível do mar, Manastirski 600 m. acima do nível do mar e Derventski 555 m. acima do nível do mar, entre os quais se encontra um maciço plano do pico de Visegrad 856 m. acima do nível do mar. Estendendo-se de norte a sul, estas colinas do vale representam uma bacia hidrográfica entre os rios Tundja, Maritsa e Suzlijka. A região é escassamente povoada, com o território do município de Topolovgrad e partes dos municípios de Harmanli, Simeonovgrad e Svilengrad.

A sul da planície da Alta Trácia, nas fronteiras da Grécia e da Turquia, situa-se o maciço de Rila-Rhodope, que, dentro dos limites da região, ocupa os Rhodopes ocidentais e orientais na direção oeste-leste, com as partes a diminuir na mesma direção. Os Ródopes Ocidentais são a maior parte e representam a cordilheira típica a 1098 m acima do nível do mar. Trata-se de um sistema complexo de cadeias montanhosas e cumes, separados por vales profundos. O sistema fluvial está orientado em três direcções principais: a norte, para a planície da Alta Trácia, a leste, para a planície da Baixa Trácia e a sul, para o Mar Egeu. Apesar da sua complexidade, os Rodopes Ocidentais caracterizam-se por uma unidade morfológica marcada, resultante do desenvolvimento generalizado de penas brancas. Este facto deve-se à grande proporção de cinturas a altitudes superiores a 1000 m, que representam 61% da superfície total dos Rodopes Ocidentais. O vale meridional do rio Vacha divide os Ródopes Ocidentais em duas partes: a oeste e a leste. A parte ocidental é a mais montanhosa, onde a cintura de alta montanha de 1000-1600 m. ocupa quase % do território, ou seja, 61%. Apesar do carácter montanhoso do território e das condições edafoclimáticas menos favoráveis, com a presença de um grande número de fontes de água. Há um grande número de municípios rurais formados durante diferentes períodos históricos: Velingrad, Rakitovo, Peshtera, Batak, Dospat, Borino, Devin, Smolyan, Chepelare, Lucky, Banite, Rudozem e a parte norte do município de Madan.

Os Ródopes Orientais ocupam a parte mais pequena do maciço de Rila-Ródope e têm um relevo pouco montanhoso e ondulado. A zona de altitude de 200-600 m cobre 72% da área. A rede hidrográfica está quase inteiramente orientada para o vale da Baixa Trácia através dos rios Arda e Byala. A fronteira com os Rodopes Ocidentais é estruturada e as partes inferiores das encostas orientais da parte amarela e os vales dos rios: Arda, Varbitsa, Borovitsa e Kayalica são representados como uma fase hipsométrica. Aqui estão as terras dos municípios: Chernoochene, Ardino, a parte sul de Madan, Nedelino, Zlatograd, Momchilgrad, Djebel, Kirkovo, Krumovgrad, Madzharovo e Ivaylovgrad.

De acordo com a zonagem geobotânica da Bulgária, a região centro-sul e, em especial, as zonas rurais, situam-se inteiramente na zona da floresta europeia de folha larga, na província da Ilíria e na província da Macedónia-Trácia, respetivamente. Para além das plantas típicas de distribuição europeia e euro-asiática, mais de 100 endemismos e relíquias búlgaras (flores, arbustos e árvores), que, juntamente com as plantas endémicas dos Balcãs, determinam o seu carácter autêntico, fazem parte da plantação na província da Ilíria (Balcãs).

Nas zonas rurais da região centro-sul, existe uma grande concentração de sítios de elevado valor de conservação, concentrados na região central de Stara Planina e nos Rhodopes ocidentais e orientais, onde a flora também inclui uma série de espécies de importância global - relíquias endémicas da Bulgária e dos Balcãs. A região de Rhodopes e Premontagnes é, em grande parte, um oásis de elementos florais. Uma grande parte desta sub-região é constituída por rochas calcárias sobre as quais se formou uma vegetação xerotérmica, dominada por carvalhos e azinheiras, bem como por comunidades secundárias de carvalhos. A zona é caracterizada pela endémica Gypsophylla tekirae. A maior parte do território do município de Batashka é coberta por florestas de pinheiros brancos, sendo as florestas de abetos as segundas maiores em termos de área, juntamente com um grande número de florestas de barbas, carvalhos e faias. As florestas de abetos predominam na região de Chernatica, enquanto o pinheiro branco também se encontra disseminado, principalmente em áreas fragmentadas. Nas zonas baixas a leste, existem também florestas de faia mística, abeto e gorun.

A região de Plovdiv ocupa a maior área, uma vez que uma grande parte do território é utilizada para fins agrícolas (todas as variedades de agricultura). Apenas na parte norte da região existem florestas dispersas dominadas por carvalhos e oliveiras e, nalguns locais, gorun.

A região de Haskovo é dominada por terras aráveis e apenas uma pequena parte é ocupada por florestas xerotérmicas dominadas por carvalhos, carvalhos chifrudos e azinheiras, e florestas mistas de carvalhos e azinheiras. À medida que as florestas se foram deteriorando, formaram-se ecossistemas de gramíneas xerotérmicas, com a participação de plantas efémeras. A região tem endemismos macedónios, trácios e balcânicos, bem como elementos mediterrânicos. O território do município de Krumovgrad é caracterizado por uma grande variedade de vegetação: florestas xerotérmicas de carvalhos e sobreiros, florestas xero-mesófilas de carvalhos e carvalhos. Existem também florestas de faias de mezanino, bem como algumas árvores ou grupos de árvores nas florestas de faias orientais. As florestas de faias também contêm o tipo de relíquia sempre-verde da geleia comum. Só aqui se encontram as espécies raras de carvalho-da-Trácia e o abutre-da-Virgínia. Na região de Svilengrad, as florestas residuais compostas por carvalhos quase xerotérmicos (chevelus e virgilian), bem como os ecossistemas de matagal de dragão e de gramíneas xerotérmicas de Belize, sadda, gafanhoto bulboso e numerosos terrófitos, estendem-se por terrenos agrícolas.

Na região de Kardzhali, predominam as formações florestais mesofíticas de bosque, carpa e bosque misto, bem como as florestas mesofíticas de faia mística. Nalguns locais, existem florestas de pinheiros negros remanescentes e, na parte amarela (os Rodopes Orientais), existem também florestas de bétulas.

A fauna das zonas rurais da região centro-sul inclui representantes das regiões zoogeográficas do maciço de Rila-Rhodope, da Trácia e de Stara Planina. Foi registado um total de 291 espécies de aves nos Rhodopes. Destas, 115 constam do Anexo II da Convenção de Berna, 90 são reconhecidas como importantes para a conservação na Europa e 4 estão ameaçadas a nível mundial: águia-imperial, peneireiro-das-torres, codornizão e corvo-marinho-pequeno. A fauna dos Rhodopes caracteriza-se por uma elevada concentração de aves de rapina. De facto, 36 das 38 espécies existentes na Europa encontram-se na parte oriental da montanha. Os Rodopes Orientais são um dos dois refúgios naturais da Europa para as aves de rapina, um abutre-do-Egito, um grifo e um falcão, todos eles com estatuto de "ameaçados" ou "raros". Estão enumerados no Anexo I da Diretiva Aves da Comunidade Europeia e no Anexo II da Convenção de Bona. Os Rhodopes albergam raças únicas de animais domésticos, como o gado endémico de pelo curto dos Rhodopes, a ovelha parteira e o pastor de Karakachan, que estão adaptados às condições da região, mas que estão ameaçados de extinção. As 27 espécies de morcegos registadas constam dos anexos das Convenções de Berna e de Bona, bem como do Acordo sobre a Conservação dos Morcegos na Europa. Os anfíbios dos Ródopes incluem uma rã-arborícola e um tritão-de-crista. Nos Ródopes Ocidentais, existem 49 espécies de invertebrados relíquias. Certos grupos de insectos estão ricamente representados, com espécies de distribuição e origem nórdica. Esta região alberga várias estações de caça de grande dimensão, que preservam e mantêm populações estáveis de certas espécies cinegéticas valiosas, como a camurça, o veado, o tetraz, etc.

A região da Trácia ocupa o território da planície da Alta Trácia, que é uma planície relativamente baixa com um baixo nível de endemismo. Em termos ornitológicos, existem habitats importantes na bacia hidrográfica do rio Maritsa e nos Rhodopes orientais do rio Arda. As espécies de aves aqui encontradas são de importância para a conservação europeia, incluindo abutres negros e grifos, camarões dos Balcãs, a jiboia turca e outras. Esta zona inclui a parte ocidental das montanhas Sakar, que são importantes para a nidificação do falcão de cauda branca, do pica-pau-malhado e da águia-imperial.

A região de Haskovo, que também faz parte das montanhas de Sakar, alberga muitos representantes da fauna mediterrânica. Apesar da natureza altamente artificial das montanhas de Sakar, estas preservaram as suas ligações ecológicas e a sua importância ecológica como habitat de algumas das aves mais ameaçadas da Europa e do mundo. Em Sakar, as áreas protegidas abrangem importantes sítios de aves de importância global para a conservação e sítios de elevado valor de conservação. São da maior importância para a proteção da águia imperial, que está ameaçada de extinção. Existem muitos representantes raros de répteis, alguns dos quais têm aqui as populações mais densas e mais bem conservadas - um belo atirador, uma cobra colorida e outros. [58]A ameixeira, principal fonte de alimentação de muitas aves, forma uma das populações mais densas de Sakar.

A formação e o desenvolvimento de infra-estruturas verdes estão ligados às zonas protegidas, que têm um valor global e humano comum e um estatuto de conservação especial. A União Internacional para a Conservação da Natureza (UICN) desenvolveu, para comparação com a Gronelândia, uma classificação comum aplicável que, em função do objetivo de gestão, define seis categorias de zonas protegidas (categorias I a V aprovadas em 1978, categoria VI acrescentada em 1992). [59]A Bulgária faz parte da rede mundial de espaços verdes e a sua legislação e regulamentação cumprem as normas e requisitos internacionais. A lei relativa às zonas protegidas define seis categorias de zonas protegidas da UICN: reserva da categoria I da UICN (categoria II da UICN), reserva da categoria III da UICN (categoria III da UICN), reserva preservada (categoria IV da UICN), categoria I da UICN e categoria VI da UICN. [60]O regime específico de proteção e gestão das áreas protegidas é determinado por planos de gestão, correspondentes à respectiva categoria e às exigências dos tratados internacionais .

O desenvolvimento de infra-estruturas verdes depende, em grande medida, da rede estabelecida de zonas protegidas. Estas são a principal força motriz do desenvolvimento de zonas onde existem condições propícias à criação de "espaços verdes". A construção de zonas protegidas na Bulgária tem uma tradição e uma história de 70 anos. Começou em 1928, com a criação da "União para a Proteção da Natureza", cuja primeira atividade foi a renovação da reserva de Silkosia, nas montanhas de Strandja, em 29 de junho de 1933. Em 1977, as áreas protegidas na Bulgária cobriam 1% do país e, em 1991, 2%. Em 31.03.2002, a Bulgária dispunha de uma das redes de zonas protegidas mais desenvolvidas da Europa, com 725 zonas protegidas e uma superfície total de 565618,0 ha, ou seja, 5,1% do território do país. Desde que a Bulgária aderiu à UE, certas zonas foram incluídas na rede NATURA-2000 como parte da rede europeia. [61]Baseada na Diretiva Habitats de 1992 (92/43/CEE). [62]Inclui zonas especiais ao abrigo da Diretiva Aves 79/409/CEE e zonas especiais para a conservação de habitats.

Na Bulgária, a rede NATURA-2000 abrange 33,89% do país. A região centro-sul é uma das mais ricas em biodiversidade do país. [63]De acordo com uma carta do Ministério do Ambiente e dos Recursos Hídricos, n.º 04-00-791-30.01.2013, as zonas protegidas localizadas

---

[58] Nedeva K. N., Nanev N. N., Marinov P. P. The Green infrastructure - a new approach to achieve sustainable development in the region, a scientific international Conference - "Promising problems of Eeconomics and Mmanagement - collection of scientific articles, Publishing house "BREEZE", Montreal Canada, 26 - 30.10.2015 y. p. 141-145, ISBN 978-617-7214-09-9.

[59] Prom. SG. n.º 133 de 11.11.1998 e alterado. SG. n.º 61 de 11.08.2015.

[60] http://www.iucnredlist.org/search

[61] www.natura2000.moew.government.bg/Home/CmsDocument.com

[62] http://eur-lex.europa.eu/legal-content/BG/TXT/?uri=celex%3A31992L0043

[63] Prom. SG. nº 77 de 9 de agosto de 2002.

na região são abrangidas pela lei das zonas protegidas na aceção da lei da diversidade biológica:

281 áreas protegidas: 97 marcos; 161 áreas protegidas; 12 reservas; 9 reservas mantidas e 2 parques nacionais.

38 contar as áreas protegidas para a conservação dos habitats naturais e da flora e fauna selvagens incluídas nas listas adoptadas pelo Conselho de Ministros.

27 têm zonas protegidas para aves selvagens, todas elas, com exceção de uma, foram objeto de um parecer do Ministro do Ambiente e da Água.

Tab. 14 Áreas naturais na Bulgária e áreas rurais na região Centro-Sul 2011-2012

AREAS	Contagem		%
	Bulgária	Zonas rurais da região Centro-Sud	
Reservas	55	12	21,8
Parques nacionais	3	2	66,7
Reservas apoiadas	35	9	25,7
Parques naturais	11	0	0,00
Áreas protegidas	503	161	32,0
Pontos de referência	346	97	28,0

Informação fornecida pelo Ministério do Ambiente e da Água e cálculos do autor.

A região inclui uma grande parte do Parque Nacional dos Balcãs Centrais, a parte sudoeste do Parque Nacional de Rila e os Rhodopes Ocidental e Oriental. O Parque Nacional dos Balcãs Centrais preserva ecossistemas auto-reguladores com um elevado nível de biodiversidade, comunidades e habitats de espécies raras e ameaçadas de extinção (espécies endémicas e relictuais). Dentro dos limites das áreas rurais da região centro-sul encontram-se as seguintes reservas: Valchi dol, Kastrakli, Kazanite, Soskovcheto, Kupena, Mantaritsa, Dukkata, Beglika, Chervenata stena biosphere reserve, Borakka, Chamulaka, Borovets, Burned Gune, Shabanitsa, Momchilovski dol, Horse Dol e as áreas protegidas Gold Field, Thick Corium, Mumble, Oak, Atoluka e muitas outras.

Conclusões

<u>No primeiro capítulo</u>

O desenvolvimento, a formação e a aplicação do regionalismo como forma de governação administrativa e territorial moderna na Europa baseiam-se em teorias e hipóteses científicas criadas por escolas científicas, em consonância com o desenvolvimento socioeconómico da sociedade. Com base na excelência científica, Walter Izard formou e desenvolveu o "regionalismo" como uma ciência aplicável como um instrumento na prática da sociedade. O desenvolvimento regional baseia-se em cartas, contratos, objectivos e princípios europeus adoptados pelos países da CEE e, mais tarde, pelos Estados-Membros da UE. Estes documentos jurídicos estão cronologicamente ligados no tempo e no espaço, e com os processos socioeconómicos resultantes para o desenvolvimento do sistema social.

As zonas rurais da União Europeia cobrem 90% do seu território e 60% da sua população. A criação e a formação de zonas rurais na União têm por objetivo compensar os desequilíbrios sociais, económicos, infra-estruturais e ambientais entre estas zonas e as zonas urbanas dos grandes centros. As mudanças no desenvolvimento rural e a eliminação das disparidades sociais e económicas entre estas zonas e as zonas urbanas começaram a ser implementadas no início da década de 1970. A PAC da CEE-UE tem como objetivo principal incentivar os produtores a desenvolverem actividades que proporcionem rendimentos estáveis aos agricultores das zonas rurais. O desenvolvimento da PAC está diretamente ligado às actividades nas zonas rurais da União - por um lado, a manutenção do sector agrícola e a produção de alimentos de qualidade e, por outro, a criação de actividades não agrícolas nas zonas rurais e a manutenção da população em idade fértil nessas zonas.

O desenvolvimento e as tentativas de divisão do país remontam ao início da década de 1930. Nas décadas seguintes, foram feitas várias tentativas de dividir o país com base nas suas caraterísticas naturais, demográficas, económicas, administrativas e económico-naturais. No final dos anos 80, os economistas adoptaram um esquema de nove zonas económicas, cada uma das quais englobando dentro dos seus limites a estrutura administrativa e territorial da zona. A adesão do país à UE e o respeito pelos princípios da União levaram à adoção, em 2008, da RDA, que identifica seis regiões com base no número de habitantes. Nos estudos e análises desta tese, seguimos a classificação europeia NUTS e a Lei do Desenvolvimento Regional de 2008.

No caso de uma crise geodemográfica no território do país nos próximos anos, é possível proceder a um novo zonamento com base no número de habitantes de um determinado território.

As definições e interpretações de "zonas rurais" variam consideravelmente na Europa. Para alguns países da UE, o principal indicador para a definição de zonas rurais é o número de habitantes. [2]Para a Comunidade, o principal critério é a densidade populacional (g/km), uma vez que 60% da população da UE vive em zonas em que o fator demográfico geográfico não é negativo ou cujos valores são mínimos. Em 1996, a ECRD adoptou a definição de zonas rurais como regiões autónomas que desenvolvem produções e actividades diferentes do sector agrário. A definição de zonas rurais da OCDE e do EUROSTAT baseia-se na densidade populacional (g/km2) e na proporção da população que vive em zonas rurais. No caso do país, a densidade média nas zonas rurais é inferior ao nível médio europeu. No caso da Bulgária, a definição de zonas rurais é formulada no PDR, pelo que aderimos à definição nacional de zonas rurais. As aldeias situadas dentro dos limites de municípios com mais de 30 000 habitantes estão excluídas da definição de zonas rurais, embora satisfaçam os critérios socioeconómicos, infra-estruturais, ecológicos e geodésicos.

Segundo o autor do livro, as aldeias e as pequenas cidades (em termos de população) que não se enquadram na definição nacional de zonas rurais devem beneficiar dos mesmos direitos e oportunidades para a execução de programas sociais, económicos e financeiros.

<u>No segundo capítulo</u>

A situação da região Centro-Sul, e em particular das zonas rurais, define e revela a imagem socioeconómica global do território, bem como a evolução geral da geopolítica e da geoestratégia. Entre estas últimas, destaca-se o desenvolvimento e a aplicação de programas europeus ligados à cooperação económica, social, infraestrutural e ambiental entre os municípios fronteiriços do país e os países vizinhos.

O desenvolvimento sustentável não deve ser considerado apenas como uma terminologia individual e específica de cada território analisado. A aplicação prática do desenvolvimento rural sustentável, enquanto orientação, não deve limitar-se à esfera socioeconómica. Uma das principais questões do desenvolvimento sustentável é a sobrevivência das zonas, a sua preservação social e económica para as gerações futuras, preservando simultaneamente o potencial dos recursos naturais. Esta é a base da existência destas zonas rurais. A execução das actividades do eixo 2 do PDRA permitirá preservar e melhorar o ambiente, melhorando simultaneamente o nível de vida nas zonas rurais. O desenvolvimento de actividades não agrícolas constitui uma alternativa ao desenvolvimento sustentável e à conservação dos solos e das florestas. A criação de novas actividades socioeconómicas, a manutenção da população em idade reprodutiva nas zonas rurais, a resolução da crise geodemográfica, etc., constituem uma prioridade para o governo e os órgãos administrativos. Estas prioridades são: a aplicação dos princípios do desenvolvimento sustentável, a utilização e a aplicação de programas de desenvolvimento destas zonas, a preservação do potencial natural e a melhoria da qualidade de vida nas zonas rurais.

Sem pretender ser exaustiva, a definição do autor de uma comunidade rural sustentável é *"uma* comunidade *com uma economia competitiva bem desenvolvida, condições sociais aceitáveis e normas ambientais para a proteção do ambiente"*. Cada comunidade de aldeia, com base em indicadores individuais, deve determinar o seu desenvolvimento sustentável, tendo em conta as normas regionais e nacionais.

As condições naturais e a sua formação geológica têm um impacto direto no desenvolvimento económico das zonas rurais. As condições naturais precedem a formação dos recursos naturais e a atividade humana. Cada município rural é territorialmente caracterizado por condições naturais reais, que definem, por um lado, os diferentes tipos de recursos naturais e, por outro, a orientação para a diversificação das actividades da sociedade.

Os recursos naturais quantitativos e qualitativos presentes em certas zonas rurais determinam os aspectos sociais, económicos, infra-estruturais e ecológicos do território. A atividade humana nas zonas rurais está diretamente ligada à sua exploração, o que contradiz a política europeia e nacional de implementação do desenvolvimento sustentável nas unidades administrativas mais pequenas. A aplicação de novas tecnologias na extração de recursos naturais na próxima fase de desenvolvimento da sociedade rural criará uma oportunidade para o desenvolvimento de uma melhor qualidade de vida.

<u>No capítulo três</u>

A evolução geomorfológica e o relevo têm geralmente um impacto direto na atividade económica da população rural. A planura do relevo cria condições favoráveis ao desenvolvimento de actividades agrícolas adaptadas a este tipo de estrutura, ao desenvolvimento de infra-estruturas de transporte e à criação de novas áreas urbanizadas - zonas residenciais e económicas. O vale é um fator importante para o desenvolvimento de actividades agrícolas ligadas à cultura de óleos essenciais, à criação de gado, ao desenvolvimento de infra-estruturas de transporte, etc., actividades económicas próprias das comunidades rurais destas zonas. Dentro dos limites da região encontram-se as partes centrais de Stara Planina (que forma uma barreira ortográfica), os Rhodopes Ocidental e Oriental e parte de Rila. A elevada altitude do terreno montanhoso dificulta a construção e o desenvolvimento de infra-estruturas de transporte. O relevo montanhoso é propício ao desenvolvimento da agricultura pastoril, uma atividade específica dos municípios rurais das zonas montanhosas. O desenvolvimento de actividades turísticas específicas de um determinado tipo de relevo apoia o desenvolvimento de actividades de diversificação nas zonas rurais.

A evolução do relevo em termos verticais dá uma ideia das actividades económicas que podem ser desenvolvidas num determinado território das zonas rurais em função da altitude. Nas zonas rurais da região Centro-Sul, a maior percentagem é ocupada por territórios com uma altitude entre 200 e 600 m. Esta situação cria condições favoráveis ao desenvolvimento de actividades agrícolas - produção de produtos hortícolas, culturas frutícolas, óleos essenciais, tabaco, etc. A exploração e a análise do relevo em termos verticais criam condições favoráveis ao desenvolvimento de actividades não agrícolas nas zonas rurais da região.

Os depósitos minerais nas zonas rurais da região estão intimamente ligados à sua formação como parte do complexo desenvolvimento geológico da crosta terrestre. A região dispõe de reservas industriais comprovadas de minerais: carvão, minérios de cobre e de ouro, minérios de chumbo-zinco, minérios de chumbo-zinco e de ouro, minérios de tungsténio e mais de 27 tipos de minerais não metálicos. Não foram descobertos depósitos de petróleo ou de gás natural nas zonas rurais da região centro-sul. Um dos maiores depósitos de minérios de cobre e de chumbo-zinco foi descoberto e explorado na região. Não foram encontrados depósitos de minerais com elevado teor de carbono nas zonas rurais. A maioria dos depósitos minerais está localizada nas zonas rurais. A descoberta, conservação e exploração de depósitos minerais localizados em zonas rurais determinam em grande medida o estatuto socioeconómico da população. A exploração dos recursos naturais requer a utilização de novas tecnologias e a implementação de um novo paradigma aplicável.

As zonas rurais da região Centro-Sul estão situadas em três climas continentais: o clima médio-continental, o clima de transição e o clima mediterrânico continental. Os elementos e valores climáticos são caraterísticos e específicos de cada sub-região. A investigação e a análise que efectuei para o período de trinta anos no domínio da precipitação média anual, da pluviosidade e da cobertura de neve incluem os seguintes resultados para um número médio de dias. Durante o período, a temperatura média aumentou 1,06°C, a precipitação média do período aumentou em média 48,8 mm, com uma diminuição média de 0,8 dias no número médio de dias de retenção de neve. Não existem estações ou pontos meteorológicos nas zonas rurais; a monitorização e o acompanhamento do clima são efectuados nos centros distritais onde estão instalados os gabinetes meteorológicos. A construção de estações meteorológicas nas zonas rurais permitirá obter uma imagem mais clara e precisa dos processos e fenómenos associados às alterações climáticas nestas zonas.

[2]A bacia hidrográfica do Egeu Oriental ocupa a parte central do sul da Bulgária e está principalmente localizada na região centro-sul, com uma superfície de 34169 km, ou seja, 32%

do território do país, e acumula 57% da água. Os principais rios que constituem esta bacia hidrográfica são: Maritsa 21084 km2, Tundzha 7884 km2 e Arda 5201 km2. A bacia hidrográfica do Egeu Oriental está localizada em três grandes estruturas morfológicas: o sistema da cadeia de Stara Planina, a zona de transição montanha-vale e a região de Rila-Rhodope. O número total de rios na bacia hidrográfica do Egeu Oriental é de 246, sendo o número de rios na região de 145. A distribuição dos lagos/barragens na bacia hidrográfica do Egeu Oriental é de 61, com 45 na região. A água é um recurso importante para o desenvolvimento da agricultura em todas as suas direcções, bem como um pré-requisito para o desenvolvimento de indústrias de transformação de alimentos nas zonas rurais. Uma grande parte das povoações da região, nomeadamente as rurais, satisfazem as suas necessidades de água potável a partir da bacia da massa de água oriental. A presença de águas subterrâneas permite que a região beneficie de caudais de água mais baixos durante os meses de verão. Muitos dos recursos hídricos das zonas rurais (barragens, lagos, rios, cascatas, etc.) são também utilizados como locais turísticos.

Os solos são um dos principais componentes do complexo natural e um fator importante no desenvolvimento da atividade económica rural. Na Bulgária, existem 17 tipos, 28 subtipos e 39 subespécies. Na região, existem 9 espécies de 10 subtipos e 5 subespécies. Os solos não estão incluídos no atlas de solos da região. A grande diversidade de solos em secções horizontais e verticais cria as condições necessárias para o cultivo de uma grande parte das culturas agrícolas, incluindo as forragens, base fundamental para o desenvolvimento da pecuária (matérias-primas para a transformação dos alimentos). Cada solo é específico e caraterístico, correspondendo a condições naturais e climáticas definidas com exatidão. Com exceção de Kardzhali e Smolyan, a avaliação de boa fé das zonas é elevada, sendo o critério a elevada qualidade dos solos. Estas duas zonas estão situadas em regiões montanhosas. A grande diversidade de solos e a sua elevada qualidade constituem a base para o desenvolvimento de actividades agrícolas em todas as direcções. Tal conduzirá à criação de novos empregos nas zonas rurais no sector secundário da economia e ao crescimento do valor acrescentado bruto.

As florestas búlgaras cobrem 37,3% do território do país e são o recurso nacional mais importante. A superfície do Fundo Florestal Nacional em 31.12.2011 era de 4138147 ha. Quatro direcções regionais de silvicultura e um gabinete estatal de silvicultura estão localizados na zona rural da região centro-sul. As propriedades florestais na região estão divididas em: Fazendas Florestais Estaduais com uma área de 967.480 ha, o Fundo Florestal Estadual com uma área de 728604 ha e o Fundo Florestal Municipal 115189 ha. A superfície florestal da região cobre 967 480 hectares, ou seja, 43,3% da sua superfície. A região Centro-

Sud tem a segunda maior reserva de espécies arbóreas depois do Sudoeste. A área florestal da região concentra-se principalmente nas zonas rurais. A exploração florestal continua a estar ligada à extração de madeira controlada por empresas madeireiras.

O conceito e a implementação de "infra-estruturas verdes" nas zonas rurais da região centro-sul são aplicáveis e estão reunidas as condições necessárias para o seu desenvolvimento. A rede NATURA-2000 cobre 33,89% do território nacional e é importante para a preservação da diversidade vegetal e animal e para a criação de infra-estruturas em zonas não protegidas. A diversidade das paisagens permite o desenvolvimento e a criação de infra-estruturas verdes. A rica diversidade da flora e da fauna é a base para a formação de novas áreas das infra-estruturas acima referidas. As zonas protegidas podem ser ligadas a uma única "infraestrutura verde" paralela à "NATURA-2000". Deste modo, será possível proteger melhor a paisagem, a flora e a fauna. A criação de uma infraestrutura deste tipo melhorará a qualidade do ar a nível local e regional. Contribuirá para o desenvolvimento do turismo nas zonas rurais e em toda a região, criando novos postos de trabalho.

O FIM

Literatura

1. **BAS,** Geografia da Bulgária. S., Publicação Académica, Prof. M. Drinov, 1997.
2. **BAS,** Geografia física e socioeconómica da Bulgária. S., Forch, 2002.
3. **Blajeva, V. e outros**, Rural Development. Svishtov, Academic Publishers, Tsenov, 2011.
4. **Happy, C.,** Desenvolvimento rural. Guia de seminário. Svishtov, DA Tsenov Academic Publishing House, 2011.
5. **Bogdanov, P.,** As cooperativas florestais de produção como forma económica de gestão florestal privada. S., Ruta - HB, 2012.
6. **Borisov, B.,** Modelos de governação municipal. Pernik, EPU, 2012.
7. **Borisov, P., e Radev, T.,** Analysis of the competitiveness of the wine sector as an element of sustainable development. Plovdiv, Editora Académica da Universidade de Plovdiv, 2012.
8. **Borisov, P., e Radev. T.,** Normas de investimento na viticultura. Plovdiv, Editora Académica da Universidade de Plovdiv, 2012.
9. **Borisov, P., e Radev. T.,** Sustainability of viticulture enterprises from the Southern wine region//Documentos científicos, Universidade de Plovdiv, 2007.
10. **Boyadjiev, C.,** The New Economic Geography and the Development of the Economy, Coleção de relatórios: Scientific Seminar-New Economic Geography, Sofia, 2013, p. 201.
11. **Boyadjiev, C.,** O programa Leader como instrumento de política regional. Coleção de documentos : Questões fundamentais do ensino da geografia nos estabelecimentos de ensino superior. Svishtov, 2001, p.3-19.
12. **Geneshki, M.,** Economia regional. Edição revista e actualizada. S., Trakia-M, 2000.
13. **Geografia e Desenvolvimento Regional**: Coletânea de Trabalhos de Conferências Internacionais. S., Instituto de Geofísica, Geodesia e Geografia, 2010.
14. **Geografia da Bulgária,** S., Fort, 2002.
15. **Glossário geográfico,** S., Publicação académica Prof. Marin Drinov, 2011.
16. **Georgiev, L.,** Regional and municipal disparities. S., NBU, 2012.
17. **Georgiev, L.,** Economia regional. S., NBU, 2013.
18. **Geshev, G.,** Problems of regional development and regional policy in the Republic of Bulgaria (Problemas de desenvolvimento regional e política regional na República da Bulgária). Blagoevgrad, GI na BAS "N. Rilski", 1999.
19. **Gyurov, G., N., Artinova,** Ciência do solo. Plovdiv, Intellexpert-94, 2015.
20. **Gyurov, G., N., Artinova,** Ciência do solo. Plovdiv, Macros, 2001.
21. **Dermendzhiev, A.,** Aspectos da geografia pública. Trabalho de habilitação para a atribuição do título de "professor" em geografia económica e social, número 01.08.02. Veliko Tarnovo, 2010.
22. **Dermendzhiev, A.,** La nouvelle géographie - géographie économique, sociale ou publique. Coletânea de relatórios. Seminário científico: A nova geografia económica. S., 2013. A Carta Europeia da Autonomia Local, Estrasburgo, 15.10.1985.
23. **União Europeia, Programas de apoio, Desenvolvimento económico da Bulgária - Programas de assistência**, S., Fundo de desenvolvimento do espírito empresarial, 1999.
24. **União Europeia,** Programa SAP ARD, Exame do programa Sapard na Bulgária,

Estónia, Letónia, Polónia, Roménia, Hongrie e República Checa: Análise do impacto agrícola e rural. S., Fundação Europeia, 2005.
25. **Zahariev, B.**, Natural resources and their use, S., NBU, 2002.
26. **Madjarova S.**, et al. Zonas rurais. S., UNWE, 2013.
27. **Madjarova, S.**, et al. Pour un développement durable des zones rurales et des exploitations agricoles. Alternatives, 2003, N 7, p. 4-5
28. **Madjarova, S.**, Problems of Sustainable Development of Rural Areas in Bulgaria and Approaches to Their Solving//Management and Sustainable Development. 2003, V, N 3-4, p. 128-132.
29. **Madjarova, S.**, Desenvolvimento das zonas rurais. S., Editora Universitária, 2000.
30. **Madjarova, S.**, Desenvolvimento das zonas rurais - um objetivo definitivo da política estatal// Economia e gestão na agricultura. S., 2002, XL, N 4, p. 54-57.
31. **Madjarova, S.**, Rural areas in Bulgaria: nature and classification. S., Editora Universitária, 2000.
32. **Madjarova, S.**, Determinação estrutural das zonas rurais na Bulgária. Alternativas, C. 2000, N 4-6 p. 28-30, p. 19-20.
33. **Madjarova, S.**, Sustainable Development of Rural Areas in Bulgaria//Scientific papers UNWE. S., Universidade de Economia Nacional e Mundial, 2004, volume 2, p. 231-248.
34. **Markov, I.**, Agrarian clusters: social aspects. Conferência científica internacional "Bulgária, búlgaros e Europa - mito, história e modernidade". V. Tarnovo, 2012.
35. **Markov, I.**, Convenção Agrícola Europeia e desenvolvimento rural. Conferência científica "Bulgária e Europa - Tradições e Modernidade". Veliko Tarnovo, 2004, p. 15-21.
36. **Markov, I.**, Local development strategies, an effective form of using territorial potential (on the example of the municipalities of Elhovo-Bolyarovo). Conferência científica e prática da Faculdade de História "Bulgária, búlgaros e Europa - mito, história, modernidade", Veliko Tarnovo, VTU "São Cirilo e Metódio", 2011, volume IV, p. 717-729.
37. **Markov, I.**, Some Options for Rural Development in the Veliko Tarnovo Region, Problems of Geography. S., 2000, BAS, vv. 1-4, p. 142-145.
38. **Markov, I.**, A política agrícola comum e o novo paradigma do desenvolvimento rural. Conferência Científica "Diálogo Intercultural e Educação nos Balcãs e na Europa Oriental", Veliko Tarnovo, IVIS, 2010, p. 147-158.
39. **Markov, I.** Territorial development of viticulture in Bulgaria (Desenvolvimento territorial da viticultura na Bulgária). Plovdiv, Astarta, 2012, p. 254, ISBN 978-954-350-133-5.
40. **Markov, I. e N. Dimov**, Rural regions in Bulgaria: through priorities of regional development. Primeira Conferência Internacional "Human Dimension of Global Change in Bulgaria", Sófia, 2004, pp. 113-116.
41. **Markov, I.**, Programa "LIDER" - oportunidades e práticas. Conferência científica "Bulgaria, Bulgarians and Europe - myth, history and modernity", volume II. V. Tarnovo, VTU "St. Cyril and Methodius", 2008, p. 339-347.
42. **Marinov, P.**, Green Infrastructure in Rural Areas of the South Central Region, Coleção de Relatórios, Tom LIX, vol. 5 da Conferência Científica do JubileuTradições e Desafios para a Educação Agrária, Ciência e Negócios, realizada em Plovdiv, Bulgária,

em 29-30.10.2015, pp. 322-330.

43. **Marinov, P.**, The richness and beauty of the Rhodopes, jornal "Bulgaria Now". 37, USA Chicago, 30 de novembro de 2014

44. **Marinov, P.P.**, The Smolyan region between two seas and a scientific international conference - "Modern issues of regional development-collection of scientific articles", Scientific journal "Economics and Finance" and Agricultural University-Plovdiv 2014, pp. 393-395.

45. **Marinov, P.**, Classification of Sustainable Development Factors in the South Central Region, Coletânea de relatórios do Fórum Científico, Regions in Growth in Bulgaria: Problems and Innovative Approaches in the Training of Specialists, Smolyan 4-5.06.2015, 79-84.

46. **Marinov, P.**, Analysis and Evaluation of Agroecological Conditions for the Development of Viticulture in South Central Region, Segundo Seminário Científico de Doutorandos, Pós-Doutorandos e Jovens Cientistas da VTU "St. St. Kiril i Metodiy", Veliko Turnovo 06.06.2013, pp. 171-179, ISBN: 978-954-400-985-4.

47. **Marinov, P.**, The Age structure as one of the geodemographic indicators for the development of human resources in the rural areas of the South Central Region, Coleção de relatórios de conferências científicas: Main Trends in the Development of Human Resources-KIA, Plovdiv 29.05.2014 , p. 60-66, ISBN: 978-619-90178-4-5.

48. **Patarchanova, E.**, Rural areas in Bulgaria-environment for development of alternative tourism//Economics and Management. S., 2006, II, N 1, p. 58-65.

49. **Petrov, A.**, Bulgária: Regiões, Distritos, Municípios. Enciclopédia. S., Imprensa Universitária, Kliment Ohridski, 2010.

50. **Petrov, K.**, Aspetos problemáticos da formação da política regional na Bulgária// Geopolitics. S., 2014, n.º 3, p. 25-28.

51. **Petrov, K.**, GeoEconomic Analyzes. S., Avangard Prima, 2009, p.33-55.

52. **Petrov, K.**, Geo-economic orientation of planning regions. S., Avangard Prima, 2008.

53. **Petrov, K.**, Geo-urbanismo e desenvolvimento urbano. S., Holding, 2015.

54. **Petrov, K.**, Regional Development of Tourist Routes and Rural Development in South Central Planning Region//Documentos científicos da Universidade de Plovdiv-Plovdiv. Plovdiv, 2013.

55. **Petrov, K.**, Urbanismo e planeamento urbano. S., Avangard Prima, 2010.

56. **Yankov, R.**, Electoral geography of Bulgaria. Introdução empírica. V. Tarnovo, IVIS, 2009, p. 184, ISBN 978-954-8387-59-0.

57. **Yankov, R.**, Concentração e despovoamento. Zoneamento da Bulgária de acordo com o crescimento demográfico. V. Tarnovo, Faber, 2000, p. 161, ISBN 954-9541-71-X.

Documentos legislativos da República da Bulgária

1. Lei de Desenvolvimento Regional. Prom. SG n° 26 de 23.03.1999
2. Lei de Desenvolvimento Regional. Prom. SG n.° 50 de 30.05.2008
3. Lei sobre a estrutura administrativa e territorial da República da Bulgária. Prom. SG n.° 63 de 14 de junho de 1995
4. Lei da Floresta. Prom. SG n.° 19 de março de 2011
5. Lei sobre a circulação rodoviária. Prom. SG n.° 26 de 29 de março de 2000
6. Lei dos Transportes Ferroviários Prom. SG n° 97 de 28.10.2000

7. Lei de Proteção do Ambiente. Prom. SG n° 91 de 25.09.2002
8. Lei da Energia Prom. SG n.° 107 de 9.12.2003
9. Lei do Ar Limpo. Prom. SG n° 45 de 28.05.1996
10. Lei de Gestão de Resíduos Prom. SG n.° 53 de 13.07.2012

Fontes na Internet

http://ec.europa.eu/agriculture/rurdev/index_bg.htm
http://ec.europa.eu/regional_policy/bg/policy/themes/rural-development/
http://www.lex.bg/bg/laws/ldoc/2135466072
http://old.europe.bg/htmls/google.php
http://www.mzh.government.bg/MZH/bg/ShortLinks/SelskaPolitika.aspx
http://2020.europe.bg/
http://www.fermer.bg
http://bgconv.com
http://pdbase.government.bg/zpo/bg/
http://ec.europa.eu/environment/nature/ecosystems/docs/green_infrastructures/
https://bg.glosbe.com
http://biznes-bulgaria.com/firma/37575-geografski-institut-pri-ban-sofiya
http://www.mzh.government.bg/MZH/bg/ShortLinks/
http://geopolitica.eu
http://geography/gomorphology/tematic.com
http:// geography/gomorphology-ston/thematic.com
http://ec.europa.eu/agriculture/rur/leaderplus/publications/index_bg.htm#lag_map
http://ec.europa.eu/agriculture/cap-overyiem/2012.bg
http://ec.europa.eu/
http://ec.europa.eu/about-eu/eu-history/1990-1999/index.bg.htm
http://www.nsi.bg
http://ec.europa.eu/Eurostat
http://www.clubofrome.org/index.php/the-limits-to-growth/
http://earbd.org/

yes
I want morebooks!

Buy your books fast and straightforward online - at one of world's fastest growing online book stores! Environmentally sound due to Print-on-Demand technologies.

Buy your books online at
www.morebooks.shop

Compre os seus livros mais rápido e diretamente na internet, em uma das livrarias on-line com o maior crescimento no mundo! Produção que protege o meio ambiente através das tecnologias de impressão sob demanda.

Compre os seus livros on-line em
www.morebooks.shop

info@omniscriptum.com
www.omniscriptum.com

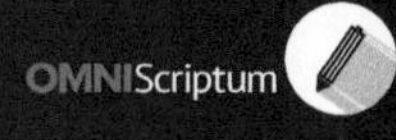

Printed by Books on Demand GmbH, Norderstedt / Germany